U0171204

人工智能在网络安全中的应用

Alessandro Parisi 著

何 俊 邹 霞 瞿志强

孙 蒙 郑 雪 译

东南大学出版社
SOUTHEAST UNIVERSITY PRESS
·南京·

图书在版编目(CIP)数据

人工智能在网络安全中的应用 /(意)亚历桑德罗·帕里斯(Alessandro Parisi)著;何俊等译. —南京:东南大学出版社,2020.9(2025.1重印)

书名原文:Hands-On Artificial Intelligence for Cybersecurity

ISBN 978 - 7 - 5641 - 9118 - 4

Ⅰ.①人… Ⅱ.①亚… ②何… Ⅲ.①人工智能-应用-网络安全 Ⅳ.①TP393.08-39

中国版本图书馆 CIP 数据核字(2020)第 177245 号

图字:10 - 2020 - 180 号

人工智能在网络安全中的应用

出版发行:东南大学出版社
地　　址:南京市四牌楼 2 号　　邮编:210096
出 版 人:江建中
网　　址:http://www.seupress.com
电子邮件:press@seupress.com
印　　刷:苏州市古得堡数码印刷有限公司
开　　本:787 毫米×980 毫米　　16 开本
印　　张:18.25
字　　数:338 千字
版　　次:2020 年 9 月第 1 版
印　　次:2025 年 1 月第 2 次印刷
书　　号:ISBN 978 - 7 - 5641 - 9118 - 4
定　　价:78.00 元

本社图书若有印装质量问题,请直接与营销部联系。电话(传真):025 - 83791830

前　言

当前,全球的组织机构在网络安全上的花费超过数十亿美元。**人工智能(Artificial Intelligence,AI)**已成为一个构建更智能、更安全的安全系统的出色解决方案。AI可以帮助您预测和检测可疑的网络活动,比如网络钓鱼或者未经授权的入侵。

本书展示并论述了流行且成功的人工智能方法和模型,能够用于检测潜在攻击和保护公司系统。您将了解网络安全中的**机器学习(Machine Learning,ML)**、**神经网络(Neural Network,NN)**及深度学习的作用,同时学会如何在构建智能防御机制时注入人工智能功能。随着不断深入,您可以在各种应用程序中应用这些策略,包括垃圾邮件过滤器、网络入侵检测、僵尸网络检测以及安全身份认证。

在本书的结尾,您将能够开发出智能系统来检测不寻常的或可疑的模式和攻击,从而使用人工智能开发出强大的网络安全防御系统。

本书的适用者

如果您是一位想要利用机器学习和人工智能的力量构建智能系统的网络安全专家或白帽黑客,您会发现本书是有用的。

本书的主要内容

第1章,面向网络安全专业人员的AI简介:介绍人工智能各个分支之间的区别,重点介绍网络安全领域中自动学习的各种方法的优缺点。本章也讨论了学习算法的不同策略及其

优化。人工智能的主要概念将在使用 Jupyter Notebook 的实践中展示。本章使用的工具是 Jupyter Notebook、NumPy 和 scikit-learn,使用的数据集是 scikit-learn 数据集和以 CSV 存储的样本。

第 2 章,为网络安全武器库配置 AI: 介绍了主要的软件需求和它们的配置。我们将学习为知识库提供恶意代码样本并将其输入到 AI 算法。引入 Jupyter Notebook 用于交互执行 Python 工具和命令。本章使用的工具是 Anaconda 和 Jupyter Notebook。此处不使用数据集。

第 3 章,正常邮件还是垃圾邮件? 使用 AI 检测电子邮件安全威胁: 涵盖检测使用电子邮件作为攻击载体的安全威胁。本章将介绍不同的检测策略,从线性分类器和贝叶斯滤波器到更复杂的解决方案[如决策树、逻辑回归和**自然语言处理(Natural Language Processing, NLP)**]。上述不同解决方案的示例代码允许读者利用 Jupyter Notebook 来运行并进行更深入的交互。本章使用的工具是 Jupyter Notebook、scikit-learn 和 NLTK,使用的数据集是 Kaggle 垃圾邮件数据集、CSV 垃圾邮件样本和蜜罐钓鱼样本。

第 4 章,恶意软件威胁检测: 介绍了一种具有高扩散性的恶意软件和勒索软件代码,以及该类威胁的不同变体(多态和变态恶意软件)中的快速多态突变,使得基于签名和图像文件哈希的传统检测解决方案不再适用。不幸的是,常用的杀毒软件正是基于这些传统技术。通过示例展示基于机器学习算法的不同恶意软件的分析策略。本章使用的工具是 Jupyter Notebook、scikit-learn 和 TensorFlow,使用的数据集/样本来自 theZoo 恶意软件库。

第 5 章,利用 AI 的网络异常检测: 解释了目前不同设备之间互连的程度是如何变得如此复杂的,以至于人们对传统概念(如网络边界安全)的有效性产生了严重的怀疑。事实上,在网络空间中,攻击面呈指数级增长。因此,必须有自动化工具来检测网络异常并发现新的潜在威胁。本章使用的工具是 Jupyter Notebook、Padas、scikit-learn 和 Keras,使用的数据集是 Kaggle 数据集、KDD 1990、CIDDS、CICIDS 2017、services 和 IDS 日志文件。

第 6 章,保护用户身份验证: 介绍了网络安全领域中的人工智能,它在保护用户的敏感信息方面发挥着越来越重要的作用,用户的敏感信息包括访问其网络账户和应用程序的凭据,通过保护以防止如身份盗用等方式的滥用。

第 7 章,使用云 AI 解决方案的欺诈预防: 涵盖了企业遭受的许多安全攻击和数据泄露。此

类违规行为的目标是侵犯敏感信息,如客户的信用卡信息。此类攻击通常以隐蔽模式进行,这意味着使用传统方法很难发现此类威胁。本章使用的工具是 IBM Watson Studio、IBM 云对象存储、Jupyter Notebook、scikit-learn、Apache Spark,使用的数据集是 Kaggle Credit Card Fraud Detection 数据集。

第 8 章,GAN——攻击与防御:介绍了**生成对抗网络(Generative Adversarial Network,GAN)**,它代表了深度学习为我们提供的最先进的神经网络示例。在网络安全方面,可以将 GAN 用于合法目的,如用于身份验证过程,但也可以将其用于攻击身份验证过程。本章使用的工具是 CleverHans、**Adversarial Machine Learning(AML)**库、EvadeML-Zoo、TensorFlow 和 Keras,使用的数据集是完全利用 GAN 创建的人脸图像示例。

第 9 章,评估算法:介绍了如何使用恰当的量化分析指标来评估各种备选解决方案的有效性。本章使用的工具是 scikit-learn、NumPy 和 Matplotlib,使用的数据集是 scikit 数据集。

第 10 章,评估你的 AI 武器库:涵盖攻击者用以规避 AI 检测的技术。只有通过这种方式,才能对所采用解决方案的有效性和可靠性进行真实的评估。此外,必须考虑解决方案可扩展性的相关方面,然后持续监控以保证可靠性。本章使用的工具是 scikit-learn、Foolbox、EvadeML、Deep-pwning、TensorFlow 和 Keras,使用的数据集是 MNIST 和 scikit 数据集。

充分发挥本书的作用

为充分利用本书,请熟悉网络安全概念和 Python 编程知识。

下载示例代码文件

您可以通过您的 www.packt.com 账户下载本书的示例代码文件。如果您在其他地方购买了本书,可以访问 www.packt.com/support 并注册,文件将直接通过电子邮件发送给您。

您可以按照以下步骤下载代码文件:

1. 登录或在 www.packt.com 注册。

2. 选择 **SUPPORT** 标签页。

3. 单击 **Code Downloads & Errata**。

4. 在**搜索栏**中输入书名并按照屏幕上的说明操作。

文件下载后，请确保使用以下最新版本的解压或提取工具：

- WinRAR/7-Zip for Windows
- Zipeg/iZip/UnRarX for Mac
- 7-Zip/PeaZip for Linux

该书的代码包也托管在 GitHub 上，网址是 https://github.com/PacktPublishing/ Hands-On-Artificial-Intelligence-for-Cybersecurity。如果代码有更新，我们将在现有的 GitHub 仓库上进行更新。

我们还有其他代码包，源自 https://github.com/PacktPublishing/上丰富的图书和视频系列。欢迎查阅！

下载彩色图像

我们还提供了一个 PDF 文件，其中包含本书中使用的屏幕截图或图表的彩色图像。您可在这里下载它：http://www.packtpub.com/sites/default/files/downloads/ 9781789804027_ColorImages.pdf。

排版约定

本书中的字体约定。

Courier New 字体：指示文本中的代码、数据库表名、文件夹名、文件名、文件扩展名、路径名、虚拟 URL、用户输入和 Twitter 用户名。例如："我们将用于降维的技术称为主成分分析（PCA），可在 scikit-learn 库中找到。"

代码块的设置如下：

```
import numpy as np
np_array = np.array([0, 1, 2, 3])
# 创建一个初始化为 0，包含 10 个元素的数组
np_zero_array = np.zeros(10)
```

当我们希望您的注意力集中在代码块的特定部分时，相关的行或块以粗体显示：

```
[default]
exten = >  s,1,Dial(Zap/1|30)
exten = >  s,2,Voicemail(u100)
exten = >  s,102,Voicemail(b100)
exten = >  i,1,Voicemail(s0)
```

警告或重要提示。

提示和技巧。

联系我们

永远欢迎广大读者们的反馈。

直接反馈：如果您对本书的任何方面有任何疑问，请在您的电子邮件主题中提及书名并发送至 customercare@ packtpub.com。

勘误：虽然我们尽一切努力确保内容的准确性，但错误在所难免。如果您发现了本书中的错误，我们将非常感激您的反馈。请访问 www.packt.com/submit-errata，选择书名，单击勘误提交表单的链接，然后输入详细内容。

隐私：如果您在互联网上发现我们作品的任何形式的非法复制品，若您能向我们提供相关

地址或网站名称,我们将不胜感激。请通过 copyright@ packt.com 与我们联系并提供链接。

如果您有兴趣成为一名作者:如果有某个主题是您所擅长的并且您有兴趣撰写或贡献一本书,请访问 authors.packtpub.com。

评论

请留下评论。如果您阅读并使用了本书,请您在购买它的网站上留下评论。潜在的读者可以看到并根据您的客观意见来做出购买决定,我们也可以了解您对我们产品的看法,并且我们的作者可以看到您对他们书籍的反馈。谢谢!

更多有关 Packt 的信息,请访问 packt.com。

目　　录

第一部分　人工智能的核心概念和工具

第三部分 保护敏感信息和资产

第四部分　评估和测试你的 AI 武器库

第一部分
人工智能的核心概念和工具

本部分将介绍 AI 的基本概念,包括分析不同类型的算法及其在网络安全中的使用策略。

本部分包含以下章节:

- 第 1 章,面向网络安全专业人员的 AI 简介
- 第 2 章,为网络安全武器库配置 AI

1

面向网络安全专业人员的 AI 简介

在本章中,我们将了解人工智能(**AI**)的各个分支,重点关注**网络安全**领域中不同自动学习方法的优点和缺点。

我们将介绍学习和优化各种算法的不同策略,还将介绍编程实践中使用 Jupyter Notebook 和 `scikit-learn` Python 库时涉及的相关 AI 概念。

本章将涵盖以下主题:

- 将 AI 应用于网络安全
- 从专家系统到数据挖掘和 AI 的演进
- 自动学习的不同形式
- 算法训练与优化
- 运用 Jupyter Notebook 开启 AI 之路
- 在网络安全的背景下介绍 AI

将 AI 应用于网络安全

AI 在网络安全中的应用是一个实验性研究领域,并非没有问题,这也是我们在本章中尝试解释的问题。但是,不可否认的是,迄今为止 AI 取得的成果是令人振奋的,而且其分析方法在不久的将来会成为网络安全从业者的常识。在网络安全专业领域中,无论是在新机遇方面还是在新挑战方面,AI 都将产生明确而积极的影响。

在讨论将 AI 应用于网络安全的话题时,内部人士的反应通常是矛盾的。事实上,怀疑的反应与保守的态度交替出现,部分原因是尽管人们通过多年辛勤的工作取得了高技术和专业技能,但还是担心会被机器所取代。

然而,在不久的将来,公司和组织将越来越需要在自动分析工具上进行投资,以对当前和未来的网络安全挑战做出快速且适当的响应。因此,迫在眉睫的问题实际上是将机器的自动分析与操作人员的技能进行结合,而不是让操作人员与机器之间形成冲突。因此,网络安全领域的 AI 可以用来处理繁琐的低级工作,即选择潜在的可疑案件,从而将更高级的任务留给安全分析人员,让他们有精力更深入地调查最应受到关注的威胁案件。

人工智能的发展:从专家系统到数据挖掘

为了理解在网络安全领域采用 AI 的优势,有必要将基本逻辑引入不同的 AI 方法论中。

我们将首先对 AI 的发展历史进行简要的分析,以便全面评估将 AI 应用于网络安全领域的潜在好处。

专家系统简介

自动学习的最初尝试之一是针对给定的应用领域,定义一个**基于规则的**决策系统,该系统涵盖了在现实世界中可能出现的所有后果和具体情况。这样,所有可能选项都被硬编码在自动学习解决方案中并由该领域的专家验证。

此类**专家系统**的局限性在于,它们将决策简化为布尔值(将一切简化为二进制选项),从而限制了解决方案适应具有细微差别的实际案例的能力。

实际上,与硬编码的解决方案相比,专家系统不会学到任何新知识,它把自己限制在一个(可能非常大的)知识库中,并从中寻找正确的答案,而该知识库无法适用于以前未解决的新问题。

反映现实世界的不确定性

由于我们在现实世界中遇到的具体情况不能仅使用对/错分类模型来简单表示(尽管该领域的专家努力列出所有可能的情况,但现实中总有一些问题不适宜做分类),因此必须充分利用我们所掌握的数据,以便使潜在趋势和异常情况(例如异常值)出现,并利用统计和概率模型来更恰当地反映现实世界的**不确定性**。

超越统计学走向机器学习

尽管统计模型的引入突破了专家系统的局限性,但并没有改变该方法对问题定义的严苛程度,因为统计模型,如基于规则的决策,实际上是预先建立的,不能被修改以适应新数据。例如,最常用的统计模型之一是高斯分布。统计人员可以假设数据服从高斯分布,并尝试通过估计该分布的参数来较准确地描述所分析的数据,然而统计人员的这种假设并没有考虑其他可能的统计模型,即假设可能存在偏差。

因此,为了克服这些限制,有必要采用一种**迭代**的方法。该方法采用**机器学习(ML)**算法,对可用数据采用泛化的模型进行描述,这样可以根据数据特征对统计分布进行自动调节,而不局限于用户预先定义的某种分布。

为模型挖掘数据

与预定义的**静态**模型相比,方法上的差异也反映在称为**数据挖掘**的研究领域中。

数据挖掘过程的适当定义包括从数据开始发现适当的代表性模型。此外,在这种情况下,我们可以采用基于训练数据的 **ML 算法**来确定最合适的预测模型,而不是采用预先建立的统计模型(当从我们的视角无法了解数据的本质时,情况更是如此)。

但是,算法方法并不总是足以解决所有问题。当数据的性质明确并且符合已知模型时,使用 ML 算法代替预定义模型没有任何优势。进一步,使模型具有处理训练数据中未涵盖的样本的能力,才能保持并扩展先前方法的优势,真正实现 AI。

与机器学习相比,AI 是一个更广泛的研究领域,它可以处理比 ML 更通用和更抽象的数据,从而使通用解决方案可以迁移到不同类型的数据,而无需重新进行训练。例如,从最初的黑白样本中获得对象开始,用这种方式可以实现从彩色图像中识别对象。

因此,人工智能被认为是包括机器学习在内的一个更广泛的研究领域,而机器学习又包括了**深度学习(Deep Learning,DL)**,这是一种基于人工神经网络的机器学习方法,三者的关系如图 1-1 所示。

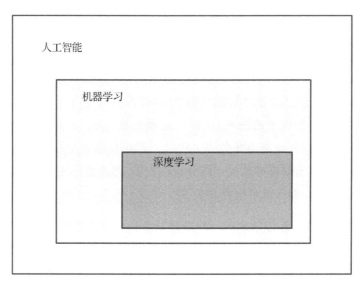

图 1-1　人工智能、机器学习和深度学习的关系

机器学习的类型

数据进行机器学习的过程可以采用不同的形式,这些形式具有不同的特点和预测能力。

就 ML(正如前文所述,它是属于 AI 研究的一个分支)而言,通常可以分为以下几种类型:

- 监督学习
- 无监督学习
- 强化学习

这些学习模式之间的差异归因于我们想要达到的结果(输出)的类型,这些类型是根据所需要的输入数据的特性得到的。

监督学习

采用**监督学习**(supervised learning)算法时,利用输入数据集对算法进行训练,而这些样本的输出类型是已知的。

在实践中,必须对算法进行训练以识别被训练变量之间的关系,并根据已知的目标变量(也称为**标签**)尝试优化学习参数。

监督学习算法的一个示例是分类算法,尤其是用于网络安全领域的**垃圾邮件**分类的算法。

垃圾邮件过滤器实际上是通过向算法提交一个输入数据集来训练的,该输入数据集包含许多先前已被分类为垃圾邮件(电子邮件是恶意的或不想要的)或正常邮件(电子邮件是真实和无害的)的电子邮件样本。

因此,垃圾邮件过滤器的分类算法必须根据输入数据集中已分类的电子邮件进行训练,从而对将来接收到的新电子邮件进行分类,将其分为垃圾邮件或正常邮件。

监督学习算法的另一个例子是回归算法。总之,主要有以下几种监督学习算法:

- 回归(线性和逻辑)
- **k 近邻**(**k-Nearest Neighbor,k-NN**)
- **支持向量机**(**Support Vector Machine,SVM**)
- **决策树和随机森林**
- **神经网络**(**NN**)

无监督学习

采用**无监督学习**(unsupervised learning)算法时,算法必须尝试独立地对数据进行分类,而无需借助分析人员之前标注的类别信息。在网络安全的背景下,无监督学习算法对于识别新(以前未检测到的)形式的恶意软件攻击、欺诈和电子垃圾邮件活动非常重要。

以下是无监督算法的一些示例:

- 降维：
    - 主成分分析（**Principal Component Analysis，PCA**）
    - 核化 PCA
- 聚类：
    - k 均值（k-means）
    - 层次聚类分析（**Hierarchical Cluster Analysis，HCA**）

强化学习

强化学习（Reinforcement Learning，RL）算法采用与上述方法不同的学习策略，模拟试错法。这就是，从学习路径期间获得的反馈中汲取信息，根据所选算法的正确决策数量，使最终获得的激励最大化。

在实践中，学习过程是以无监督的方式进行的，其特殊之处在于，在学习路径的每个步骤，对正确决策进行正向激励（以及对不正确决策进行负向激励）。在学习过程结束时，将根据获得的最终激励来重新评估算法的决策。

鉴于其动态特性，与采用 ML 开发的通用算法相比，RL 与 AI 所采用的通用方法更为相似，这并非偶然。

以下是 RL 算法的一些示例：

- 马尔可夫过程
- Q 学习
- **时序差分（Temporal Difference，TD）**法
- 蒙特卡洛方法

特别是，**隐马尔可夫模型（Hidden Markov Model，HMM）**（它利用马尔可夫过程）在检测多态恶意软件威胁中非常重要。

算法训练与优化

在准备自动学习程序时,我们经常会面临一系列挑战。为了识别并避免损害程序本身的可靠性,我们需要克服这些挑战,从而避免得出错误或草率的结论,在网络安全的背景下,这些结论可能造成毁灭性后果。

我们经常面临的主要问题之一,尤其是在配置威胁检测程序的情况下,是对**误报(false positive)**的管理,即被算法检测到并分类为潜在威胁,但实际上并非威胁的情况。我们将在第7章和第9章中更深入地讨论误报和 ML 评估指标。

在**网络威胁检测系统**中,误报(也称假阳性)的管理工作尤其繁重,因为检测到的事件数量通常很多,以至于会占用用于威胁检测活动的所有人力资源。

另一方面,即使是正确的(真阳性)告警,如果数量过多,也会导致分析人员的工作负担过重,让他们无法专心从事优先级更高的工作。因此,需要优化学习程序,以减少需要分析人员深入分析的案例数量。

这种优化活动通常从选择和清理提交给算法的数据开始。

如何找到有用的数据源

例如,在**异常检测**的情况下,必须特别注意要分析的数据。有效的异常检测活动是以训练数据中不包含所寻找异常为前提的,相反,它们反映了可供参考的正常情况。

另一方面,如果训练数据与正在调查的异常有偏差,则按照通常称为 **GIGO**(**Garbage In,Garbage Out,无用输入,无用输出**)的原则,异常检测活动将失去其可靠性和实用性。

鉴于实时的原始数据的可用性不断提高,通常数据的初步清理本身就是具有挑战的工作。事实上,通常有必要对数据进行初步浏览,以消除**不相关**或**冗余**的信息。然后,我们可以将数据以正确的形式呈现给算法,并选择恰当的算法类型以适应数据的形式,这可以提高算法的学习能力。

例如,在输入数据以**分组形式**呈现或能够**线性分离**的情况下,**分类算法**将能够识别出一个更具代表性和更有效的模型。同样,包含**空字段**的**变量**(也称为**维度**)的存在会增加算法的计算量,并由于**维数灾难**现象而产生不可靠的预测模型。

当特征的数量(即维数)增加而没有改善分类结果时,就会发生这种情况,这只会导致数据分散在不断增加的高维空间中,如图1-2所示。

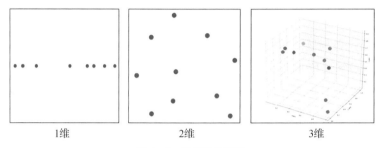

1维   2维   3维

图1-2 数据分散情况

同样,我们获取测试用例(样本)的来源也很重要。例如,考虑这样一种情况,我们要预测**未知可执行文件**的恶意行为。那么所讨论的问题可简化为可执行文件**分类模型**的定义,该模型必须追溯到以下两类之一:**真实的**和**恶意的**。

为了获得这样的结果,我们需要为分类算法提供大量恶意可执行文件样本作为输入数据集,对分类算法进行训练。

数量与质量

当问题归结为样本数量与质量时,我们面临以下两个问题:

- 我们认为哪些类型的恶意软件最能代表公司最可能面临的风险和威胁?
- 针对不同算法我们应该收集和管理多少案例(样本),以便在未来威胁检测的有效性和预测效率方面获得可靠的结果?

这两个问题的答案与分析人员研究的**特定领域知识**密切相关。

所有这些可能会使分析人员认为,与使用数据集作为一般威胁的样本相比,创建蜜罐(用于在真实不受控环境收集恶意样本并将其作为训练样本提供给算法)更有用,它将**更能代表**

一个暴露的组织的风险水平。同时,提交给该算法的测试样本的数量由**数据本身的特征**确定。实际上,这些数据可能会出现样本分布不均匀的情况,从而导致算法的预测**偏向**数量较多的样本类别,但其实数量较少的样本类别与我们调查的问题更相关。

总的来说,我们的问题不是简单地为我们的目标选择最佳算法(通常不存在),而是要选择**最具代表性的案例**(样本)提交给一组算法,然后我们将尝试根据获得的结果进行优化。

认识 Python 库

在接下来的章节中,我们将深入探索到目前为止介绍的这些概念,并提供一些示例代码,这些示例代码使用了一系列 Python 库,这些库也是 ML 领域中最广为人知和广泛使用的,如下所示:

- NumPy (1.13.3 版)
- pandas (0.20.3 版)
- Matplotlib (2.0.2 版)
- scikit-learn (0.20.0 版)
- Seaborn (0.8.0 版)

示例代码将以片段的形式显示,并附有代表其输出的屏幕截图。如果乍一看不是所有的实现细节都清晰明了,请不要担心,我们将有机会了解整本书中每种算法的实现详情。

监督学习示例——线性回归

作为我们的第一个示例,我们将研究监督学习领域中最常用的算法之一,即线性回归。利用 scikit-learn Python 库,我们通过导入 scikit-learn 库的 `linear_model` 包中的 `LinearRegression` 类来实例化线性回归对象。

该模型通过调用 `RandomState` 类的 `rand()` 方法获取训练数据集来训练,`RandomState` 类属于 Python numpy 库的 `random` 包。训练数据按照 $y=3x+2$ 的线性模型分布。通过对 `LinearRegression` 类的 `lreg` 对象调用 `fit()` 方法来训练模型。

在这一点上,我们将尝试通过调用 lreg 对象的 predict()方法来预测训练数据集中未包含的数据。

最终,使用 matplotlib 库的 scatter()和 plot()方法将训练数据集以及模型的预测值打印在屏幕上:

```
% matplotlib inline
import matplotlib.pyplot as plt
import numpy as np
from sklearn.linear_model import LinearRegression

pool = np.random.RandomState(10)
x = 5 * pool.rand(30)
y = 3 * x - 2 + pool.randn(30)
# y = 3x - 2;

lregr = LinearRegression(fit_intercept= False)
X = x[:, np.newaxis]
lregr.fit(X, y)
lspace = np.linspace(0, 5)
X_regr = lspace[:, np.newaxis]
y_regr = lregr.predict(X_regr)
plt.scatter(x, y);
plt.plot(X_regr, y_regr);
```

前面的代码生成如图 1-3 所示的输出,显示了 LinearRegression 模型返回的直线逼近数据样本的情况。

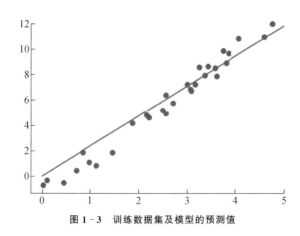

图 1-3　训练数据集及模型的预测值

无监督学习示例——聚类

作为无监督学习的示例,我们使用高斯混合聚类模型。通过该模型,我们尝试将数据拟合到**高斯斑点(Gaussian blob)**的集合中。

训练数据从 .csv 格式的文件(以逗号分隔的值)中加载,并存储在 pandas Python 库的 DataFrame 对象中。加载数据后对其进行**降维**以确定一种表示,将原始维度以 4 个(特征)降为 2 个,并尝试保持**最能代表**样本的特征。

维数的减少避免了维数灾难现象带来的弊端,提高了计算效率,并简化了数据的可视化。

我们将使用**主成分分析(PCA)**进行降维,scikit-learn 库中已经实现了这个方法。

数据维度从 4 维减少到 2 维后,我们将尝试使用 GaussianMixture 模型对数据进行分类,如下所示:

```python
import pandas as pd
import seaborn as sns

data_df = pd.read_csv("../datasets/clustering.csv")
data_df.describe()
X_data = data_df.drop('class_1', axis= 1)
y_data = data_df['class_1']

from sklearn.decomposition import PCA

pca = PCA(n_components= 2)
pca.fit(X_data)
X_2D = pca.transform(X_data)
data_df['PCA1'] = X_2D[:, 0]
data_df['PCA2'] = X_2D[:, 1]

from sklearn.mixture import GaussianMixture

gm = GaussianMixture(n_components= 3, covariance_type= 'full')
gm.fit(X_data)
y_gm = gm.predict(X_data)
data_df['cluster'] = y_gm
sns.lmplot("PCA1", "PCA2", data= data_df, col= 'cluster', fit_reg= False)
```

从图 1-4 中可以看出,聚类算法已经成功地以适当的方式自动对数据进行分类,而无需事先知道与各个样本相关的当前标签信息。

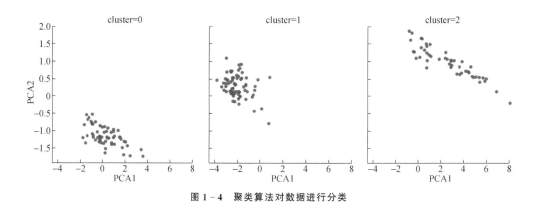

图 1 - 4 聚类算法对数据进行分类

简单的人工神经网络示例——感知机

在本节中,我们将展示一个简单的人工神经网络模型——感知机。

人工神经网络和**深度学习**是机器学习的子领域,旨在模拟人脑的学习能力。在第 3 章和第 8 章中将更深入地讨论人工神经网络和深度学习。

无论多么简单,感知机仍然可以对那些聚在一起的样本(以技术术语来说,那些是**线性可分 离**的样本)进行充分的分类。

我们将看到感知机在网络安全领域中最常见的应用,就是**垃圾邮件过滤**。

在以下例子中,我们将使用 scikit-learn 实现感知机算法:

```
from matplotlib.colors import ListedColormap
# 感谢 Sebastian Raschka 提供的 plot_decision_regions 函数
def plot_decision_regions(X, y, classifier, resolution= 0.02):
 # 设置标记生成器和颜色映射
 markers = ('s', 'x', 'o', '^', 'v')
 colors = ('red', 'blue', 'lightgreen', 'gray', 'cyan')
 cmap = ListedColormap(colors[:len(np.unique(y))])
 # 绘制决策面
 x1_min, x1_max = X[:, 0].min() - 1, X[:, 0].max() + 1
 x2_min, x2_max = X[:, 1].min() - 1, X[:, 1].max() + 1
 xx1, xx2 = np.meshgrid(np.arange(x1_min, x1_max, resolution),
```

```
np.arange(x2_min, x2_max, resolution))
Z = classifier.predict(np.array([xx1.ravel(), xx2.ravel()]).T)
Z = Z.reshape(xx1.shape)
plt.contourf(xx1, xx2, Z, alpha= 0.4, cmap= cmap)
plt.xlim(xx1.min(), xx1.max())
plt.ylim(xx2.min(), xx2.max())
# 绘制分类样本
for idx, cl in enumerate(np.unique(y)):
plt.scatter(x= X[y == cl, 0], y= X[y == cl, 1],
alpha= 0.8, c= cmap(idx),
marker= markers[idx], label= cl)
from sklearn.linear_model import perceptron
from sklearn.datasets import make_classification
X, y = make_classification(30, 2, 2, 0, weights= [.3, .3], random_state= 300)
plt.scatter(X[:,0], X[:,1], s= 50)
pct = perceptron.Perceptron(max_iter= 100, verbose= 0, random_state= 300,
fit_intercept= True, eta0= 0.002)
pct.fit(X, y)
plot_decision_regions(X, y, classifier= pct)
plt.title('Perceptron')
plt.xlabel('X')
plt.ylabel('Y')
plt.show()
```

上面的代码生成如图 1-5 所示的输出。

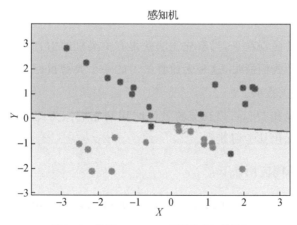

图 1-5　使用 scikit-learn 实现的感知机算法

网络安全背景下的人工智能

随着恶意软件的扩散,与之相关的威胁也呈指数级增长,几乎不可能仅靠人工分析来有效地应对这些威胁。有必要引入算法,使我们能够自动完成初级分析阶段,这被称为**分流(triage)**,也就是说,对要提交给网络安全专业人员的威胁进行**初步筛选**,从而能够对持续的攻击做出及时有效的响应。

我们需要能够以动态方式做出响应,以适应随环境变化的**前所未有的**威胁。这意味着分析人员不仅要管理网络安全的工具和方法,还要正确地解释和评估 AI 和 ML 算法提供的结果。

因此,要求网络安全专业人员理解**算法的逻辑**,从而根据要实现的结果和目标,在算法学习阶段进行**微调**。

与 AI 应用相关的一些任务如下:

- **分类**:这是网络安全框架中的主要任务之一。它用于正确识别相似的攻击类型,例如属于同一家族的不同**恶意软件**,也就是具有共同的特征和行为,即使它们的签名不同(如**多态恶意软件**)。同样,能够对电子邮件进行充分分类,从而将**垃圾邮件**与合法电子邮件区分开也很重要。
- **聚类**:聚类与分类的区别在于,当事先无法获得有关类别的信息时,聚类能够自动识别样本所属的类别(正如我们所见,这是无监督学习的一个典型目标)。此任务在**恶意软件分析**和**取证分析**中至关重要。
- **预测分析**:利用 NN 和 DL,可以在威胁发生时识别它们。为此,必须采用**高度动态**的方法,允许算法自动优化其学习能力。

AI 在网络安全中的可能应用如下:

- **网络保护**:使用 ML 可以实现高度复杂的**入侵检测系统(Intrusion Detection System,IDS)**,该系统将用于网络边界保护领域。
- **终端保护**:针对**勒索软件**这类威胁,通过采用学习此类恶意软件典型行为的算法,可以充分检测威胁,从而克服**传统防病毒软件的局限性**。

- **应用安全**：对 Web 应用程序的最隐蔽攻击类型，包括**服务器端请求伪造**（**Server Side Request Forgery，SSRF**）攻击、**SQL 注入**、**跨站脚本**（**Cross-Site Scripting，XSS**）和**分布式拒绝服务**（**Distributed Denial of Service，DDoS**）攻击。这些都是可以通过 AI 和 ML 工具及算法来充分应对的威胁类型。
- **可疑用户行为**：及时识别恶意用户**欺诈**或破坏应用程序的企图是 DL 应用程序的新兴领域之一。

小结

在本章中，我们介绍了与网络安全相关的 AI 和 ML 的基本概念，提出了自动学习过程管理中采用的一些策略，以及数据分析人员可能面临的问题。我们将在后面的各章中使用和改进在本章中学到的概念和工具，以解决特定的网络安全问题。

在下一章中，我们将更深入地学习如何使用 Jupyter 交互式笔记本，使读者可以交互式地执行给定的指令并实时显示执行结果。

本书将在各章中介绍与主题相关的 AI 和 ML 概念，以期为所研究的算法提供实用的解释。对于那些有兴趣研究所使用的各种算法的实现细节的人，我们建议您查阅由 Sebastian Raschka 和 Vahid Mirjalili 撰写，Packt 出版社出版的《Python 机器学习》（*Python Machine Learning*）最新版。

2

为网络安全武器库配置 AI

本章介绍主要软件需求及其配置。您将学习如何向知识库提供恶意代码样本,这些样本将作为输入传递给 AI 程序。将引入 IPython 笔记本来交互式地执行 Python 工具和命令。

本章将涵盖以下主题:

- 了解基于 Python 的 AI 和网络安全
- 进入 Anaconda——数据科学家的首选环境
- 使用 Jupyter Notebook
- 给 AI 武器库提供数据和恶意样本

了解基于 Python 的 AI 和网络安全

在所有可用于编写 AI 工具和算法的语言中,Python 是近年来不断增长并受到新老程序员青睐的一种。尽管竞争很激烈,像 R 和 Java 这样的语言会吸引成千上万的开发人员,但 Python 不仅成为了数据科学的首选语言,而且成为了(尤其是)机器学习、深度学习的首选语言,更广泛地说,是开发人工智能(AI)算法的首选语言。

Python 在这些领域的成功不足为奇。Python 最初是为对数值计算编程而开发的,但是后来扩展到了非专业领域,像 C++ 和 Java 等更知名的语言一样,采用了通用编程语言的形式。

Python 的成功归于以下几个原因：

- **易于学习**：语言学习曲线的确没有其他语言（如 C ＋＋和 Java）那么陡峭。
- **加快代码原型设计和代码重构过程的速度**：由于采用了简洁的设计和清晰的语法，用 Python 编程比用其他语言容易得多，调试代码也容易得多。使用 Python 开发的程序原型无需进一步修改即可发布，这样的情况并不少见。这些特性在数据科学和 AI 等领域是必不可少的。需要快速原型化新功能和重构旧功能，而不想浪费时间调试遗留代码的行业，需要一种加快代码原型化和重构的方法。
- **解释性语言和面向对象**：能够以脚本的形式编写代码，这些脚本可以直接在命令行上启动，或者更好地以交互模式（稍后我们将看到）启动，而无需继续编译为可执行格式，这大大加快了开发过程和应用程序测试。面向对象还促进了 API 和可重用功能库的开发，从而确保了代码的可靠性和健壮性。
- **扩展编程功能的开放源码库的广泛可用性**：到目前为止，我们所讨论的好处已经转化为许多可用的高级函数库，这些库可供分析人员和开发人员免费使用，并由大型 Python 社区提供。借助简洁的语言设计，这些函数库可以轻松地相互集成，这也促进了开发人员可以调用的 API 的开发。

现在，让我们更深入地研究 Python 中最常见的 AI 编程库。

用于 AI 的 Python 库

正如预期的那样，Python 中有许多库可用于数据科学和 ML 领域，包括 DL 和**强化学习**（**RL**）。

同样，Python 还有许多图形表示和报表功能。在后面各节中，我们将分析这些库的特征。

构建 AI 的基石——NumPy

在所有致力于数据科学和 AI 的 Python 库中，NumPy 无疑具有特殊意义。使用 NumPy 实现的函数和 API，可以从头开始为 ML 构建算法和工具。

当然，采用适用于 AI 的专用库（例如 `scikit-learn` 库）可以加快 AI 和 ML 工具的开发过程,但是要想充分认识使用此类高级库所带来的优势,先了解构建它们的基础是非常有用的。这就是为什么了解 NumPy 的基本概念在这方面有帮助的原因。

NumPy 多维数组

创建 **NumPy** 是为了解决重要的科学问题,其中包括**线性代数**和**矩阵计算**。与 Python 语言提供的数据结构的相应原生版本(例如数组列表和**多维**数组对象)相比,它提供了一个特别**优化的版本**,称为 ndarrays。实际上,与传统的 for 循环相比,ndarray 类型的对象可以使操作加速高达 25 倍,对于访问传统 Python 列表中存储的数据来说,这是十分必要的。

此外,NumPy 允许矩阵运算,这对于 ML 算法的实现特别有用。与 ndarray 对象不同,矩阵只接受二维的对象,它表示线性代数中使用的主要数据结构。

以下是一些定义 NumPy 对象的示例:

```
import numpy as np
np_array = np.array([0, 1, 2, 3])

# Creating an array with ten elements initialized as zero
# 创建一个有 10 个元素的数组并初始化为零
np_zero_array = np.zeros(10)
```

使用 NumPy 进行矩阵运算

正如预期的那样,矩阵及对矩阵执行的操作在 ML 领域中尤为重要,并且更普遍的是,它们被用来方便地表示要提供给 AI 算法的数据。

矩阵在管理和表示大量数据时特别有用。

符号本身通常用于标识矩阵的元素,使用位置索引允许快速、一致地执行常用的操作,以及涉及整个矩阵或特定子集的计算。例如,元素 a_{ij} 很容易标识矩阵中第 i 行第 j 列的元素。

一个仅由一行(和几列)组成的特殊矩阵被标识为一个**向量**。向量可以在 Python 中表示为 list 类型的对象。

但是,在执行**矩阵**和**向量**之间的运算时,应考虑**线性代数**的特定规则。

可以对矩阵执行的基本操作如下：

- 加法
- 减法
- 标量乘法（对每个矩阵元素乘以一个常数值）

如果对矩阵执行的操作相对简单，并且相加或相减的矩阵**大小相同**，则两个矩阵相加或相减的结果就是一个新矩阵，其元素是对应行和列元素之和或差的结果。

当处理矩阵之间或向量与矩阵之间的**乘积**运算时，线性代数的规则有些不同，例如，**交换律**不适用于两个标量的乘积。

实际上，在两个数相乘时，因子的顺序不同并不会改变相乘的结果（即 $2 \times 3 = 3 \times 2$），而在两个矩阵相乘时，**顺序很重要**：

```
aX ! = Xa
```

这里，X 表示一个**矩阵**，a 表示一个系数**向量**。此外，**并非总是能够将两个矩阵相乘**，比如维**数不相容**的两个矩阵。

因此，numpy 库提供了 dot() 函数来计算两个矩阵之间的乘积（只要可以执行此操作，就可以使用）：

```
import numpy as np
a = np.array([- 8, 15])
X = np.array([[1, 5],
              [3, 4],
              [2, 3]])
y = np.dot(X, a)
```

在上面的示例中，我们使用 np.dot() 函数计算矩阵 X 与向量 a 之间的乘积。

该乘积可以表达一个模型：

```
y = Xa
```

它代表了 ML 中用于将一组**权重**（a）与**输入数据矩阵**（x）相关联，从而获得估计**值**（y）作为输出的**最基本模型**之一。

用 NumPy 实现一个简单的预测器

为了充分理解在矩阵乘法运算中 NumPy 的 dot()方法的使用,我们可以尝试从头开始实现一个**简单的预测器**:通过使用矩阵和向量之间的乘积,基于相对权重,根据一组输入来预测未来值:

```
import numpy as np
def predict(data, w):
    return data.dot(w)

#  w 是权重向量
w = np.array([0.1, 0.2, 0.3])

# 矩阵作为输入数据集
data1 = np.array([0.3, 1.5, 2.8])
data2 = np.array([0.5, 0.4, 0.9])
data3 = np.array([2.3, 3.1, 0.5])
data_in = np.array([data1[0],data2[0],data3[0]])
print('Predicted value: $ % .2f' % predict(data_in, w) )
```

scikit-learn

最好和最常用的 ML 库之一肯定是 scikit-learn 库。scikit-learn 库于 2007 年首次开发,它提供了一系列模型和算法,在定制解决方案的开发中可以被重复使用,它们利用了主要的预测方法和策略,包括以下内容:

• 分类

• 回归

• 降维

• 聚类

不止于此,事实上,scikit-learn 针对以下任务还提供了现成的模块:

• 数据预处理

• 特征提取

• 超参数优化

• 模型评估

scikit-learn 的特殊之处在于,除了 SciPy 库外,它还使用 numpy 库进行科学计算。正如我们所见,NumPy 允许使用多维数组和矩阵对大型数据集上执行的计算进行优化。

在 scikit-learn 的优点中,我们不能忘记它为开发人员提供了一个非常简洁的**应用程序编程接口**(Application Programming Interface,**API**),这使得根据库类开发定制工具变得相对简单。

作为使用 scikit-learn 中可用的**预测分析**模板的示例,我们将展示基于输出向量 y,如何使用**线性回归**模型对训练数据(存储在 X 矩阵中)进行预测。

我们的目标是使用在 LinearRegression 类中实现的 fit() 和 predict() 方法:

```
import numpy as np
from sklearn.linear_model import LinearRegression

# X 是表示训练数据集的矩阵

# y 是与输入数据对应的输出向量

X = np.array([[3], [5], [7], [9], [11]]).reshape(- 1, 1)
y = [8.0, 9.1, 10.3, 11.4, 12.6]
lreg_model = LinearRegression()
lreg_model.fit(X, y)

# 新数据(之前未出现过)
new_data = np.array([[13]])
print('Model Prediction for new data: $ % .2f'
      % lreg_model.predict(new_data)[0])
```

执行后,脚本将产生以下输出:

```
Model Prediction for new data: $ 13.73
```

现在让我们继续使用 Matplotlib 和 Seaborn 库。

Matplotlib 与 Seaborn

人工智能和数据科学分析中使用最多的分析工具之一是数据的**图形表示**。这就是被称为**探索性数据分析**(Exploratory Data Analysis,**EDA**)的初步活动。通过 EDA,有可能从数据的简单视觉观察中找到数据的规律或**更好的预测模型**。

毫无疑问,在图形库中,最著名和最常用的是 matplotlib 库,通过它可以以非常简单和直观的方式创建要分析的数据的图形和图像。

Matplotlib 本质上是一个受 MATLAB 启发的**数据绘图工具**,与 R 中使用的 ggplot 工具相似。

在下面的代码中,我们展示了一个使用 matplotlib 库的简单示例,使用 plot()方法绘制出通过 numpy 库的 arange()方法(数组范围)获得的输入数据:

```
import numpy as np
import matplotlib.pyplot as plt
plt.plot(np.arange(15), np.arange(15))
plt.show()
```

除了 Python 中的 matplotlib 库之外,数据科学家们还使用另一个名为 **Seaborn** 的著名可视化工具。

Seaborn 是 Matplotlib 的一个扩展,它使各种可视化工具可用于数据科学,从而简化了分析人员的任务,并使他们不必使用 matplotlib 和 scikit-learn 提供的基本功能从头开始编写图形数据表示工具。

pandas

我们在这里将介绍最后一个(但并非最不重要的)Python 的最常用库——pandas 包,该包有助于简化数据清理的普通活动(该活动占用了分析人员的大部分时间),以便继续后续的数据分析阶段。

pandas 的实现与 R 中的 DataFrame 包非常相似。DataFrame 只是一个表格结构,用于以表格的形式存储数据,表格中的列代表变量,而行代表数据本身。

在以下示例中,我们将展示 DataFrame 的典型用法,该对象通过实例化 pandas 的 DataFrame 类而获得,接收 scikit-learn 中可用的一个数据集(iris 数据集)作为输入参数。

实例化 DataFrame 类型的 iris_df 对象后,调用 pandas 库的 head()和 describe()方法,它们分别向我们展示了数据集的前 5 条记录,以及数据集中计算的一些主要的统计量:

```
import pandas as pd
from sklearn import datasets

iris = datasets.load_iris()
iris_df = pd.DataFrame(iris.data, columns = iris.feature_names)
iris_df.head()
iris_df.describe()
```

用于网络安全的 Python 库

Python 不仅是数据科学和 AI 的最佳语言之一,而且是渗透测试人员和恶意软件分析人员的首选语言(和诸如 C 和汇编等低级语言一道)。

在 Python 中,有大量的库可供使用,它们简化了研究人员的日常工作。

接下来,我们将分析其中一些最常见和最常用的方法。

Pefile

Pefile 库对于分析 Windows 可执行文件非常有用,尤其是在**静态恶意软件分析**阶段,可用来查找可能的破坏迹象或可执行文件中是否存在恶意代码。实际上,Pefile 使分析**可移植的可执行(Portable Executable, PE)**文件格式变得非常容易,该文件格式为 Microsoft 平台上目标文件(作为外部可执行函数的包含库或可检索库)的标准格式。

因此,不仅经典的 .exe 文件,而且 .dll 库和 .sys 设备驱动程序都遵循 PE 文件格式规范。Pefile 库的安装非常简单,使用以下示例中的 pip 命令就足够了:

```
pip install pefile
```

安装完成后,我们可以使用以下简单脚本测试这个库,该脚本将可执行文件 notepad.exe 加载到运行时内存中,然后从其可执行映像中提取保存在相关 PE 文件格式字段中的一些最相关的信息:

```
import os
import pefile
```

```
notepad = pefile.PE("notepad.exe", fast_load= True)
dbgRVA = notepad.OPTIONAL_HEADER.DATA_DIRECTORY[6].VirtualAddress
imgver = notepad.OPTIONAL_HEADER.MajorImageVersion
expRVA = notepad.OPTIONAL_HEADER.DATA_DIRECTORY[0].VirtualAddress
iat = notepad.OPTIONAL_HEADER.DATA_DIRECTORY[12].VirtualAddress
sections = notepad.FILE_HEADER.NumberOfSections
dll = notepad.OPTIONAL_HEADER.DllCharacteristics
print("Notepad PE info: \n")
print ("Debug RVA: " + dbgRVA)
print ("\nImage Version: " + imgver)
print ("\nExport RVA: " + expRVA)
print ("\nImport Address Table: " + iat)
print ("\nNumber of Sections: " + sections)
print ("\nDynamic linking libraries: " + dll)
```

volatility

恶意软件分析人员广泛使用的另一种工具是 **volatility** 库,它允许对可执行进程的运行时内存进行分析,突出显示可能存在的恶意软件代码。

volatility 是一个 Python 可编程的实用程序,通常被默认安装在用于恶意软件分析和渗透测试的发行版中,例如 Kali Linux。volatility 允许直接从内存转储中提取有关进程的重要信息(例如 API 挂钩、网络连接和内核模块),从而为分析人员提供一套使用 Python 的可编程工具。

这些工具允许从内存转储中提取系统上正在运行的所有进程和有关注入的**动态链接库**(**Dynamic Link Library,DLL**)的任何信息,以及是否存在 rootkit,或更普遍地说,是运行时内存中是否存在**隐藏进程**,这很容易逃脱普通防病毒软件的检测。

安装 Python 库

我们已经看到了一些基本的 Python 库,这些库对于我们的分析很有用。我们如何在开发环境中安装这些库?

作为 Python 库,显然可以通过遵循该语言提供的传统实用程序来进行安装,特别是使用 pip 命令,或启动每个库包提供的 setup.py 脚本。但是,使用 Anaconda 可以轻松地在

AI 和数据科学领域中进行分析和开发环境的配置,正如我们在接下来的章节中将看到的。

进入 Anaconda——数据科学家的首选环境

鉴于有大量可用的 Python 库,它们的安装通常特别繁琐(如果不无聊的话),也非常困难,尤其是对于那些刚开始接触数据科学和 AI 领域的人而言。

为了便于设置已经预先配置的开发环境,可以使用包和库的集合,例如 Anaconda (http://www.anaconda.com/download/)。这样可以快速访问最常用的工具和库,从而加快开发活动,而无需浪费时间来解决包之间的依赖性问题或各种操作系统的安装问题。

在撰写本书时,Anaconda 的最新可用版本是 5.3.0(可从 https://www.anaconda.com/anaconda-distribution-5-3-0-released/下载)。

您可以根据自己的平台选择安装发行版,无论是 Windows、Linux 还是 macOS,32 位还是64 位,Python 3.7 还是 Python 2.7,如图 2 - 1 所示。

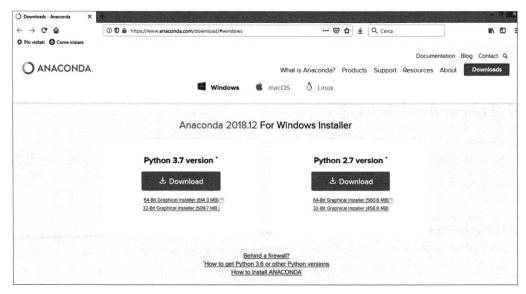

图 2 - 1　选择 Anaconda 的安装版本

Anaconda Python 的优势

Anaconda 是由 700 多个用 Python 开发的包组成的集合,其中包括我们在前面讨论的数据分析和 ML 库,还有许多其他包:

- NumPy
- SciPy
- scikit-learn
- pandas
- Matplotlib

此外,Anaconda 允许您配置自定义环境,在该环境中,您不仅可以安装特定版本的 Python,还可以安装用于开发的包和库。

conda 实用工具

Anaconda 提供了一个非常强大的实用工具——conda。通过 conda,可以管理和更新已安装的包,或安装新的包,以及用最简单的方式创建自定义环境。

要访问 conda 帮助菜单,请在命令提示符下运行以下命令:

```
conda - h
```

在 Anaconda 中安装包

通过 conda 实用工具,可以安装未包含在预安装包集合中的新包。要继续安装一个新包,只需执行以下命令:

```
conda install
```

正在执行的命令将在 Anaconda Continuum Analytics 在线存储库包含的包中进行搜索。请记住,始终可以通过使用 pip install 命令或启动软件包中包含的 setup.py 文件来执行传统的安装方法。

显然,在这种情况下,我们将不得不担心版本之间所有可能的依赖性和兼容性问题。

创建自定义环境

如前所述,Anaconda 的优势之一在于它可以创建自定义环境,我们可以在其中安装 Python 和各种包的特定软件版本。实际上,Anaconda 通常随预装的 Python 2.7 和 Python 3.7 版本一起提供。您可以决定组合特定版本的 Python,而不会带来破坏默认环境的风险。为此,您需要创建自定义环境。

假设我们要创建一个自定义环境,在其中安装 Python 3.5 版本(或其他版本)。只需调用 conda 实用工具,如以下示例所示:

```
conda create - n py35 python= 3.5
```

至此,conda 继续创建和配置名为 py35 的新自定义环境,并在其中安装了 Python 3.5 版本。要激活新创建的环境,只需从命令提示符运行以下命令:

```
activate py35
```

从现在开始,所有启动的命令都将在 py35 自定义环境中执行。

一些有用的 conda 命令

以下是一些有用的 conda 命令:

• 要激活新创建的 py35 自定义环境,运行以下命令:

```
activate py35
```

• 通过执行以下命令在特定环境中安装包:

```
conda install - n py35 PACKAGE- NAME
conda install - n py35 seaborn
```

• 通过运行以下命令列出特定环境中已安装的包:

```
conda list - n py35
```

- 使用以下命令更新 Anaconda：

```
conda update conda
conda update-all
```

基于并行 GPU 的 Python 计算

为了充分利用某些 ML 库(尤其是 DL)的潜力,除了传统的 CPU 外,还必须部署专用硬件,包括使用**图形处理单元(Graphics Processing Unit，GPU)**。实际上,由于当前的 GPU 被优化以执行并行计算,该特性对于有效执行许多 DL 算法非常有用。

硬件设备参考如下：

- 第 6 代 Intel Core i5 或更高版本的 CPU(或 AMD 等效产品)
- 最低 8 GB 的内存(建议 16 GB 或更高)
- NVIDIA GeForce GTX 960 或 更 高 版 本 的 GPU (可 访 问 https//developer. nvidia.com/cuda-gpus 查询更多信息)
- Linux 操作系统(例如 Ubuntu)或 Microsoft Windows 10

通过利用 Anaconda 提供的 Numba 编译器,您可以编译 Python 代码并在支持 CUDA 的 GPU 上运行它。

更多相关信息,请参阅您的 GPU 制造商的网站和 Numba 文档(https://numba. pydata.org/numdoc- doc/latest/user/index.html)。

使用 Jupyter Notebook

对于开发人员来说,最有用的工具无疑是 **Jupyter Notebook**,它允许在单个文档中集成 Python 代码及其执行结果(包括图像和图形)。这样,就有可能收到关于正在进行的开发活动的即时反馈,从而以迭代方式管理编程的各个阶段。

在 Jupyter Notebook 内部,可以调用自定义环境中安装的各种特定库。Jupyter 是一个基

于 Web 的实用程序,因此要运行 notebook,您需要运行以下命令:

```
jupyter notebook
```

也可以使用 `port` 参数来指定服务的侦听端口:

```
jupyter notebook - - port 9000
```

这样,该服务将在侦听端口 9000(而不是默认的 8888)上启动。

Jupyter 是 Anaconda 预装的软件包之一,无需安装该软件,因为它随时可用。

在接下来的几节中,我们将通过一些示例来学习如何使用 Jupyter Notebook。

我们的第一个 Jupyter Notebook

启动 Jupyter 后,就可以在启动服务的根目录(可以在 `http:// localhost:8888/tree` 上查看)中打开一个现有的 notebook,或从头开始创建一个新的 notebook。

notebook 只不过是扩展名为.ipynb 的文本文件,在其中保存着(以 JSON 格式)Python 代码和其他媒体资源(例如,以 base64 编码的图像)。

要创建我们的第一个 notebook,只需使用仪表板界面中可用的菜单项,这是非常直观的。

我们要做的就是选择要放置新创建的 notebook 的文件夹,然后单击 **New(新建)** 按钮,再选择最适合我们需求的 Python 版本,如图 2 - 2 所示。

图 2 - 2　选择 Python 版本

此时,我们可以重命名新创建的 notebook,然后继续在文档中插入单元格,如图 2-3 所示。

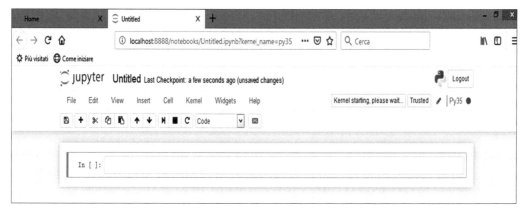

图 2-3　插入单元格

我们可以指定单元格内容的类型,在 Code(代码,默认选择)、Markdown(标记)和其他选项之间进行选择,如图 2-4 所示:

图 2-4　指定单元格内容的类型

探索 Jupyter 界面

接下来,我们将从文件的重命名开始更详细地探讨 notebook 管理中的一些常见任务。实际上,分配给新创建的 notebook 的默认文件名是 Untitled.ipynb。在对 notebook 进行重命名时我们必须牢记这一点:重命名时它一定不能处于运行状态。因此,在重命名之前请确保选择 File(文件)|Close and Halt(关闭和停止)菜单项。只需在目录中选择要重命名

的文件,然后在仪表板控件中单击 **Rename**(**重命名**),如图 2 - 5 所示。

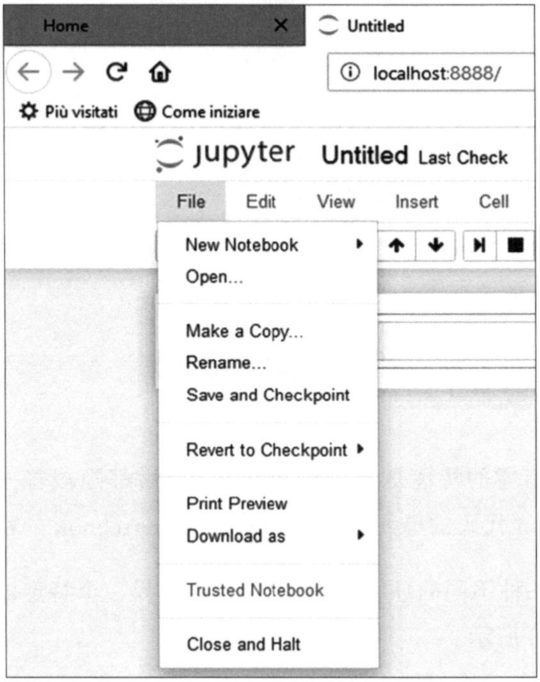

图 2 - 5　重命名 notebook

单元格是什么?

单元格代表可以在其中插入不同类型内容的容器。单元格中最常见的内容显然是要在 notebook 中执行的 Python 代码,但是也可以在单元格中插入纯文本或标记(markdown)。

当我们插入 Python 代码时,执行结果立即显示在同一单元格内的代码下方。要插入新单元格,请单击菜单栏中的 **Insert**(**插入**),然后选择 **Insert Cell Below**(**在下方插入单元格**)。

或者,也可以使用键盘快捷键。

有用的键盘快捷键

为了加快常用命令的执行速度,Jupyter 界面为我们提供了一系列键盘快捷键,包括:

- *Ctrl ＋ Enter* 键：运行选定的单元格
- *Esc* 或 *Enter* 键：在编辑和命令模式之间切换
- 上键和下键：向上/向下滚动单元格（命令模式）
- 按 *A* 或 *B* 键：在活动单元格的上方或下方插入一个新单元格
- 按 *Y* 键：将活动单元格设置为代码单元格
- 按 *M* 键：将活动单元格转换为标记单元格
- 按两次 *D* 键：删除活动单元格
- 按 *Z* 键：撤销单元格删除操作

选择您的 notebook 内核

notebook 的一个特别有趣的特性是，每个 notebook 背后都隐藏着一个特定的内核。当我们执行一个包含 Python 代码的单元格时，该代码将在 notebook 的**特定内核**中执行。

如果我们已经安装了几种不同的环境，那么我们可以选择一个特定的内核并将其分配给单个 notebook，如图 2 - 6 所示。

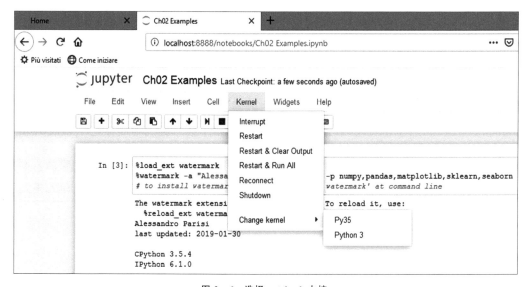

图 2 - 6　选择 notebook 内核

实际上，不仅可以为不同版本的 Python 安装不同的内核，还可以为其他语言(例如 Java、C、R 和 Julia)安装不同的内核。

动手实践

现在我们将尝试插入一系列包含示例 Python 代码的单元格，通过执行以下步骤来调用我们所需的库和包，以此来结束对 Jupyter Notebook 的介绍：

1. 继续插入一个新单元格，在其中写入以下命令：

```
# 内联执行 plot()而不调用 show()
% matplotlib inline
import numpy as np
import matplotlib.pyplot as plt
plt.plot(np.arange(15), np.arange(15))
```

我们应该得到如图 2-7 所示的输出。

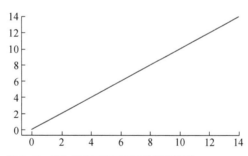

图 2-7 插入新单元格后得到的输出结果

2. 现在，添加一个新单元格，在其中写入以下代码：

```
import numpy as np
from sklearn.linear_model import LinearRegression

# X 是表示训练数据集的矩阵
# y 是与输入数据对应的输出向量
X = np.array([[3], [5], [7], [9], [11]]).reshape(- 1, 1)
y = [8.0, 9.1, 10.3, 11.4, 12.6]
lreg_model = LinearRegression()
```

```
lreg_model.fit(X, y)
# 新数据(之前未出现过)
new_data = np.array([[13]])
print('Model Prediction for new data: $ % .2f'
      % lreg_model.predict(new_data)[0] )
```

通过运行上面的代码,我们应该获得以下输出:

```
Model Prediction for new data: $ 13.73
```

3. 最后,我们插入一个新单元格,在其中写入以下代码:

```
import pandas as pd
from sklearn import datasets
iris = datasets.load_iris()
iris_df = pd.DataFrame(iris.data, columns = iris.feature_names)
iris_df.head()
iris_df.describe()
```

启动单元格内部的代码执行,我们应该获得如图 2-8 所示的输出。

Out[7]:

	sepal length (cm)	sepal width (cm)	petal length (cm)	petal width (cm)
count	150.000000	150.000000	150.000000	150.000000
mean	5.843333	3.057333	3.758000	1.199333
std	0.828066	0.435866	1.765298	0.762238
min	4.300000	2.000000	1.000000	0.100000
25%	5.100000	2.800000	1.600000	0.300000
50%	5.800000	3.000000	4.350000	1.300000
75%	6.400000	3.300000	5.100000	1.800000
max	7.900000	4.400000	6.900000	2.500000

图 2-8 代码执行结果

恭喜! 如果一切按说明进行,则您已成功验证了您的配置并可以继续进行下一步。

安装 DL 库

在本节中,我们将思考为 AI 安装一些主要的 Python 库的优势,尤其是探索深度学习的潜力。

我们将介绍如下库:

- TensorFlow
- Keras
- PyTorch

在探索各个库的优势并开始安装之前,让我们先谈谈深度学习对于网络安全的优势和特点。

深度学习在网络安全方面的优点和缺点

与 AI 的其他分支相比,深度学习的显著特征之一是能够利用神经网络来开发通用算法。这样,通过重用不同背景下的通用算法,就可以应对涉及不同应用领域的类似问题。

深度学习方法利用**神经网络(NN)**添加多个处理层的可能性,每一层都有执行不同类型处理的任务,并与其他层共享处理的结果。

在神经网络内,至少有一个隐含层,从而模拟人脑神经元的行为。

深度学习最常见的应用如下:

- 语音识别
- 视频异常检测
- **自然语言处理(NLP)**

这些应用在网络安全领域中也特别重要。

例如,**生物认证**程序越来越多地依靠深度学习算法来完成,深度学习还可以成功地用于检测异常用户行为,或者作为**欺诈检测**程序的一部分,用于检测信用卡等支付工具的异常使用。

深度学习的另一个重要用途是检测可能的恶意软件或网络威胁。鉴于使用深度学习的巨大潜力,就算坏人也开始使用它,这也不足为奇。

尤其是,最近诸如**生成对抗网络(GAN)**之类的进化神经网络的广泛应用,对依赖于**人脸识别**或**语音识别**的传统生物认证程序提出了严峻的挑战。实际上,通过使用 GAN,可以生成**符合相应生物特征的人工样本**,这些样本与原始样本几乎无法区分。

在接下来的章节中,我们将对此进行更深入的研究。

现在,让我们看看如何在开发环境中安装主要的深度学习库。

TensorFlow

我们将要接触的第一个深度学习库是 TensorFlow,实际上,它专门用于开发**深度神经网络(Deep Neural Network,DNN)**模型,有着特殊的地位。

要在 Anaconda 中安装 TensorFlow,我们必须首先执行以下步骤来创建一个自定义环境(如果我们尚未创建的话):

在本例中,我们将使用先前创建的自定义环境 py35:

1. 使用 conda 安装 TensorFlow:

```
conda install - n py35 - c conda- forge tensorflow
```

2. 使用以下命令安装特定版本的 TensorFlow:

```
conda install - n py35 - c conda- forge tensorflow= 1.0.0
```

3. 我们可以通过在交互式 conda 会话中运行一个示例 TensorFlow 程序来测试我们的安装,如下所示:

```
activate py35
python
> > > import tensorflow as tf
```

```
>>> hello = tf.constant('Hello, TensorFlow! ')
>>> sess = tf.Session()
>>> print(sess.run(hello))
```

欲了解更多相关文档,请访问 TensorFlow 网站(`https://www.tensorflow.org/`)。

Keras

我们将安装的另一个深度学习库是 `keras`。

Keras 的一个特点是它可以安装在 TensorFlow 之上,从而构成一个用于 NN 开发的高级接口(相对于 TensorFlow)。同样,对于 Keras,就像对于 TensorFlow 一样,我们将通过执行以下命令在我们先前创建的自定义环境 py35 中进行安装:

```
conda install - n py35 - c conda- forge keras
```

欲了解更多相关文档,请访问 Keras 网站(`https://keras.io/`)。

PyTorch

我们研究的最后一个深度学习库是 `PyTorch`。

PyTorch 是 Facebook 开发的一个项目,专门设计用于执行大规模图像分析。对于 PyTorch,通过 conda 安装(始终在 py35 环境中)也非常简单:

```
conda install - n py35 - c peterjc123 pytorch
```

PyTorch 与 TensorFlow 的对比

下面对比这两个深度学习库,应该注意的是 PyTorch 是在 GPU 上执行张量计算任务的最优解决方案,因为它是专门为提高大规模环境中的性能而设计的。

使用 PyTorch 的一些最常见的用例如下:

• 自然语言处理

- 大规模图像处理
- 社交媒体分析

但是,如果只从性能上比较,PyTorch 和 TensorFlow 都是不错的选择,还有其他特性会使您倾向于一种解决方案或另一种解决方案。

例如,在 TensorFlow 中程序的调试比在 PyTorch 中更复杂。这是因为在 TensorFlow 中,开发更加麻烦(必须定义张量、初始化会话、在会话期间跟踪张量等),而 TensorFlow 在模型部署方面无疑是你的首选。

小结

在本章中,说明了在网络安全领域中进行 AI 分析和开发活动所必不可少的工具。我们查看了主要的 AI 库,并介绍了在网络安全领域使用深度学习的优缺点。

在接下来的章节中,我们将学习如何以最佳方式使用这些工具,有意识地选择最能反映我们的安全分析策略的工具。

在下一章中,我们将从开发用于垃圾邮件检测的适当分类器开始。

第二部分
使用人工智能检测网络威胁

本部分专门介绍安全威胁检测技术,使用不同的机器学习和深度学习的策略以及算法,并比较得到的结果。

本部分包含以下章节:

- 第 3 章,正常邮件还是垃圾邮件?使用 AI 检测电子邮件安全威胁
- 第 4 章,恶意软件威胁检测
- 第 5 章,利用 AI 的网络异常检测

3

正常邮件还是垃圾邮件？
使用 AI 检测电子邮件安全威胁

大多数安全威胁都使用电子邮件作为攻击载体。由于以这种方式传送的流量特别大，因此有必要使用利用**机器学习（ML）**算法的自动检测程序。在本章中，将说明从线性分类器和贝叶斯滤波器到如决策树、逻辑回归和**自然语言处理（NLP）**等更复杂解决方案的不同检测策略。

本章将涵盖以下主题：

- 如何使用感知机检测垃圾邮件
- 使用**支持向量机（SVM）**的图像垃圾邮件检测
- 使用逻辑回归和决策树的网络钓鱼检测
- 使用朴素贝叶斯的垃圾邮件检测
- 采用 NLP 的垃圾邮件检测

使用感知机检测垃圾邮件

垃圾邮件检测是 AI 在网络安全领域最早的成功应用之一，其中 **SpamAssassin** 是最著名的开源工具之一。

可以实现有效的垃圾邮件检测的策略有很多，但是正如我们将在本章中看到的，最常见且最简单的是使用最基本形式的**神经网络（NN）**，即感知机。

垃圾邮件检测还为我们提供了一个机会,以一种循序渐进的方式从感知机开始介绍与神经网络相关的理论概念。

最纯粹的神经网络——感知机

所有神经网络(无论其实现的复杂性如何)的独特特征是它们在概念上模仿人脑的行为。当我们分析大脑的行为时,我们遇到的最基本的结构无疑是神经元。

感知机是人工智能领域中神经元的首批成功实现之一。就像人脑中的神经元一样,它的特征是分层结构,旨在将输出结果与一定的输入层级相关联,如图 3-1 所示。

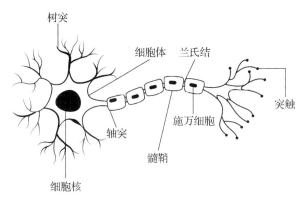

图 3-1　人脑的神经元结构

同样地,用于实现神经元的人工表示的感知机模型结构将给定的输出值与一个或多个层级的输入数据相关联,如图 3-2 所示。

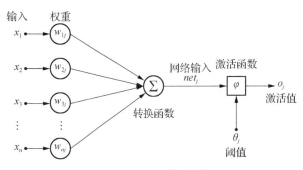

图 3-2　感知机模型结构

通过使用输入值的适当权重来实现将输入数据转换为输出值,这些权重被合成并传递给激活函数,当超过某个阈值时,激活函数会产生一个输出值,该输出值又会被传递到 NN 的其余组件。

关键是要找到合适的权重！

统计模型与 AI 算法之间的一个不同之处在于,算法基于迭代实现了一个优化策略。实际上,在每次迭代中,算法都会尝试赋予输入值更大或更小的权重来调整估计值,以实现最小化代价函数。该算法的目的之一是精确地确定一个最优权重向量用于估计值,以获得对未知的未来数据的可靠预测。

为了充分理解 AI 算法在垃圾邮件检测中的强大功能,我们必须首先厘清垃圾邮件过滤器包含哪些任务。

简话垃圾邮件过滤器

为了了解垃圾邮件过滤器执行的任务,让我们来看一个例子。想象一下,根据电子邮件文本中特定关键字是否出现以及出现的频率将我们收到的电子邮件分类。为此,我们可以在一个表格中列出收件箱中收到的所有邮件。但是,如何将邮件分类为正常邮件或垃圾邮件呢?

如前所述,我们将查找可疑关键字在电子邮件文本中出现的次数。然后,我们将根据关键字出现的次数,对被识别为垃圾邮件的各封邮件打分。该分数还将为我们提供参考,以对后续的电子邮件进行分类。

为了可以分离垃圾邮件,我们将确定一个得分阈值。如果计算出的分数超过阈值,则电子邮件将自动归类为垃圾邮件;否则,它将被视为合法消息,因此被分类为正常邮件。考虑到我们将来会遇到的一系列新的垃圾邮件,我们将不断重新确定该阈值(以及分配的分数)。

从垃圾邮件检测算法的抽象描述中,我们注意到一些必须牢记的重要特性:我们必须确定一定数量的可疑关键字,这些关键字使我们能够将邮件分类为潜在的垃圾邮件,并基于关键字出现的次数给每封电子邮件打分。

还需要为分配给每封电子邮件的分数设置一个阈值,超过该阈值的电子邮件将自动被分类为垃圾邮件。我们还必须正确权衡电子邮件文本中出现的关键字的重要性,以便充分表示包含这些关键字的邮件代表垃圾邮件的可能性(实际上,单独使用这些关键字甚至可能无害,但放在一起,它们更有可能代表垃圾邮件)。

我们必须考虑到垃圾邮件发送者会非常清楚我们在尝试过滤不想要的邮件,因此他们会尽力采用新策略来欺骗我们和我们的垃圾邮件过滤器。这转化为一个持续不断的迭代学习过程,非常适合使用 AI 算法来实现。

很明显,垃圾邮件检测作为 AI 在网络安全领域的第一个应用案例并非偶然。实际上,第一个垃圾邮件检测解决方案利用了静态规则,即使用正则表达式来识别电子邮件文本中预定义的可疑单词模式。

由于垃圾邮件发送者实施了新的欺骗策略来欺骗垃圾邮件过滤器,因此这些静态规则很快被证明是无效的。因此,有必要采用一种动态方法,使垃圾邮件过滤器能够根据垃圾邮件发送者的不断创新进行学习,同时也要利用用户对其电子邮件进行分类时所做的决策。这样,就可以有效地管理垃圾邮件的爆炸性传播。

垃圾邮件过滤器的实现

反垃圾邮件算法在电子邮件分类中的实际表现如何?首先,让我们根据可疑关键字对电子邮件进行分类。为了简单起见,我们假设最具代表性的可疑关键字列表仅有两个单词:buy 和 sex。

基于以上假设,我们将在表格中对电子邮件进行分类,显示在电子邮件文本中识别出的各个关键字出现的次数,表明该邮件为垃圾邮件或正常邮件,如表 3 - 1 所示。

表 3 - 1　电子邮件分类

电子邮件	buy	sex	垃圾邮件/正常邮件
1	1	0	正常邮件
2	0	1	正常邮件
3	0	0	正常邮件
4	1	1	垃圾邮件

此时,我们将为每封电子邮件打分。

我们使用一个评分函数来计算分数,该函数考虑了文本中包含的可疑关键字的出现次数。

一个可能的评分函数可以是两个关键字的出现次数之和,在本例中,用变量 B 代替"buy"这个词,用变量 S 代替"sex"这个词。

因此,评分函数可表示为

$$y = B + S$$

我们还可以基于例如包含关键字"sex"的邮件是垃圾邮件的概率比包含关键字"buy"的邮件更大这样的事实,为各个关键字的代表变量赋予不同的权重。

显然,如果这两个单词都出现在电子邮件的文本中,则会增加其成为垃圾邮件的可能性。因此,我们将较低的权重 2 赋予变量 B,将较高的权重 3 赋予变量 S。

我们的评分函数通过分配给变量/关键字的相对权重进行了校正,因此评分函数变为

$$y = 2B + 3S$$

现在让我们尝试对电子邮件进行重新分类,使用评分函数计算相对分数,如表 3 - 2 所示。

表 3 - 2　使用评分函数对电子邮件分类

电子邮件	B	S	2B+3S	垃圾邮件/正常邮件
1	1	0	2	正常邮件
2	0	1	3	正常邮件
3	0	0	0	正常邮件
4	1	1	5	垃圾邮件

此时,我们必须尝试确定一个可以有效地将垃圾邮件与正常邮件分离的阈值。实际上,在 **4** 和 **5** 之间的阈值使我们能够将垃圾邮件与正常邮件正确地分开。换句话说,如果一封新电子邮件的得分等于或大于 **4**,我们很可能遇到的是垃圾邮件而不是正常邮件。

如何才能有效地将我们刚刚看到的概念转化为可以在算法中使用的数学公式?

线性代数(正如我们在第 2 章中谈论由 numpy 库提供的矩阵实现时所提到的)会有所帮助。

我们将进一步讨论感知机的实现,但首先,我们将介绍线性分类器的概念,该分类器对用数学表示常见垃圾邮件检测算法所执行的任务很有用。

使用线性分类器检测垃圾邮件

由线性代数可知,用于确定每封电子邮件所关联的分数的函数的方程如下:

$$y = 2B + 3S$$

这确定了笛卡尔平面上的一条直线,因此我们用来对电子邮件进行分类的垃圾邮件过滤器称为**线性分类器**。使用统计中通常采用的已知数学形式,可以通过引入求和运算符 $\sum$,使用索引值矩阵 x_i 以及与之关联的权重向量 w_i 来代替变量 B 和 S,之前的方程可以重新定义为一种更紧凑的形式:

$$y = \sum w_i x_i$$

对于索引 i,其取值为 1 到 n,这种形式不过是之前变量和相应权重进行求和的紧凑形式:

$$y = w_1 x_1 + w_2 x_2 + \cdots + w_n x_n$$

这样,我们将线性分类器推广到了一个不确定数量的变量 n,而不是像前面那样限制为 2。这种紧凑的表示形式在我们的算法实现中对于利用线性代数公式也很有用。

实际上,我们的函数可以转换为(各个权重和变量之间的)乘积之和,可以很容易地表示为矩阵和向量的乘积:

$$y = w^\mathrm{T} x$$

这里的 w^T 代表权重的转置,需要计算矩阵与向量的乘积。

正如我们所见,要对电子邮件进行充分分类,我们需要确定一个适当的阈值,以正确地将垃圾邮件与正常邮件区分开:如果一封电子邮件的分数等于或大于阈值,则该电子邮件将被分类为垃圾邮件(我们将其值记为 + 1);否则,它将被分类为正常邮件(我们将其值记为 - 1)。

用正式术语,此条件可表示如下(其中 θ 表示阈值):

$$\text{if } wx \geqslant \theta \rightarrow f(y) = +1$$
$$\text{if } wx < \theta \rightarrow f(y) = -1$$

前述条件也可以表示成以下形式：

$$w_1 x_1 + w_2 x_2 + \cdots + w_n x_n \geqslant \theta \rightarrow y = +1$$
$$w_1 x_1 + w_2 x_2 + \cdots + w_n x_n < \theta \rightarrow y = -1$$

按照习惯，我们可以将方程中的阈值 θ 移到等式左边，将其与变量 x_0 相关联（从而引入求和公式中索引 $i = 0$ 的项），将变量 x_0 的值设为常量 1，对应的权重 w_0 的值为 $-\theta$（即将阈值 θ 移到等式左边后，其符号为负）。因此，用乘积项代替 θ：

$$w_0 x_0, \text{其中 } w_0 = -\theta, x_0 = 1$$

这样，我们的线性分类器的紧凑式就得到了其确定形式：

$$y = w_0 x_0 + w_1 x_1 + w_2 x_2 + \cdots + w_n x_n = \sum w_i x_i = \boldsymbol{w}^{\mathsf{T}} \boldsymbol{x}$$

这里，索引 i 的取值现在是从 0 到 n。

感知机如何学习

Rosenblatt 感知模型所采用的方法（我们在本章中已描述过了）是基于对人脑神经元的简化描述。就像大脑的神经元在刺激信号的作用下会激活，而在其他情况下则保持惰性一样，感知机中的阈值是通过激活函数体现的，该函数赋值为 + 1（在感知机兴奋的情况下，表示已超过了预先设定的阈值）或 - 1（表示未超过阈值）。

采用先前的数学表达式来确定感知机激活的条件：

$$\text{if } wx \geqslant \theta \rightarrow f(y) = +1$$
$$\text{if } wx < \theta \rightarrow f(y) = -1$$

我们看到，wx 的乘积（即相应权重的输入数据）必须克服 θ 阈值才能激活感知机。由于输入数据 x_i 已经预定义，因此相应权重的值将直接决定感知机是否激活自身。

但是在实践中如何更新权重，从而确定感知机的学习过程呢？

感知机的学习过程可以分为以下三个阶段：

- 将权重初始化为预定义值（通常等于 0）
- 计算每个训练样本 x_i 对应的输出值 y_i
- 根据期望输出值（即与相应输入数据 x_i 的原始类别标签相关联的 y 值）与预测值（由感知机估计的值 y_i）之间的距离更新权重

实际上，将根据以下公式更新各个权重：

$$w_i = w_i + \Delta w_i$$

此处，Δw_i 值表示期望值（y）和预测值（y_i）之间的偏差：

$$\Delta w_i = \lambda(y - y_i)x_i$$

从前面的公式可以明显看出，期望值 y 和预测值 y_i 之间的偏差乘以了输入值 x_i 以及常数 λ（代表感知机的学习率）。常数 λ 的值通常介于 0.0 和 1.0 之间，该值在感知机初始化阶段进行设置。

一个简单的基于感知机的垃圾邮件过滤器

现在，我们来看一个使用感知机的具体示例。我们将使用 scikit-learn 库创建一个基于感知机的简单垃圾邮件过滤器。我们使用基于垃圾短信（sms spam message）集合的数据集来测试垃圾邮件过滤器，可从 https://archive.ics.uci.edu/ml/datasets/sms + spam+ collection 获取该数据集。

原始数据集可下载为 CSV 格式，然后继续处理 CSV 文件中包含的数据，并将其转换为感知机可以管理和使用的数值。此外，我们仅选择了包含"buy"和"sex"关键字的邮件（根据我们之前的描述），为每封邮件（垃圾邮件或正常邮件）计算在邮件文本中关键字出现的次数。

预处理的结果在 sms_spam_perceptron.csv 文件中（见本书随附的源代码存储库）。

然后继续通过 pandas 库从 sms_spam_perceptron.csv 文件加载数据，从 pandas 的 DataFrame 中提取相应值，并通过 iloc() 方法引用各个值：

```
import pandas as pd
import numpy as np

df = pd.read_csv('../datasets/sms_spam_perceptron.csv')
y = df.iloc[:, 0].values
y = np.where(y == 'spam', - 1, 1)
X = df.iloc[:, [1, 2]].values
```

因此，我们使用 iloc() 方法将 ham 和 spam 类别标签（位于.csv 文件中 DataFrame 的第一列）分配给 y 变量（代表期望值的向量）。此外，我们已经使用 NumPy 的 where() 方法将前面提到的类别标签转换为数值－1（垃圾邮件的情况下）和＋1（正常邮件的情况下），以允许我们使用感知机管理类别标签。

以同样方式，我们给 X 矩阵赋予了与 DataFrame 的 sex 和 buy 列对应的值，包含了在邮件文本中两个关键字出现的次数。这些值也是数值型，因此可以将它们输入感知机。

在继续创建感知机之前，我们将输入数据分为训练数据和测试数据：

```
from sklearn.model_selection import train_test_split
X_train, X_test, y_train, y_test = train_test_split(X, y, test_size= 0.3, random
_state= 0)
```

使用适用于 X 和 y 变量的 train_test_split() 方法，我们将数据集分为两个子集，将原始数据集的 30％（使用参数 test_size = 0.3）作为测试数据，其余的 70％ 作为训练数据。

此时，我们可以通过实例化 sklearn.linear_model 包的 Perceptron 类来定义我们的感知机：

```
from sklearn.linear_model import Perceptron
p = Perceptron(max_iter= 40, eta0= 0.1, random_state= 0)
p.fit(X_train, y_train)
```

在感知机 p 的初始化阶段，我们设置的最大迭代次数为 40（以 max_iter = 40 参数初始化），学习率为 0.1（eta0 = 0.1）。最后，我们调用感知机的 fit() 方法，使用训练数据训练对象 p。

现在，我们可以调用感知机的 predict() 方法来估计测试数据上的值：

```
y_pred = p.predict(X_test)
```

由于对样本数据(占原始数据集的70%)进行了训练,感知机现在应该能够正确估计测试数据子集(原始数据集的剩余30%)的期望值。

我们可以使用scikit-learn的sklearn.metrics包来验证感知机返回的估计值的准确性,如下所示:

```
from sklearn.metrics import accuracy_score
print('Misclassified samples: % d' % (y_test ! = y_pred).sum())
print('Accuracy: % .2f' % accuracy_score(y_test, y_pred))
Misclassified samples: 3
Accuracy: 0.90
```

通过将测试数据(y_test)与预测值(y_pred)进行比较,并统计不匹配的总数,就能够评估感知机预测的准确性。

在我们的示例中,准确率比较高(90%),因为错误分类的样本总数仅为3。

感知机的优点和缺点

尽管感知机的实现相对简单(如果与提供的预测的准确性相比,此处的简单性就构成了算法的优势),但它仍受到一些重要限制。感知机本质上是一个二元线性分类器,只有在分析的数据是线性可分的时,才能提供准确的结果。也就是说,它可以拟合一条将笛卡尔平面中的数据完全一分为二的直线(或者多维数据情况下的超平面),如图3-3所示。

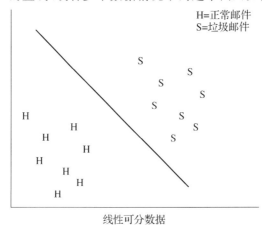

图3-3 感知机对线性可分数据的分析结果

如果相反(在大多数实际情况中是这样的),分析的数据不是线性可分的,感知机学习算法将在数据周围无限振荡,寻找一个可以线性分离数据的可能权重向量(但是无法找到它),如图 3-4 所示。

因此,仅在存在线性可分数据并且学习率较小时,感知机才能收敛。如果数据不是线性可分的,那么设置最大迭代次数(对应 max_iter 参数)就非常重要,这样可以防止算法在寻找(不存在的)最优解时无限振荡。

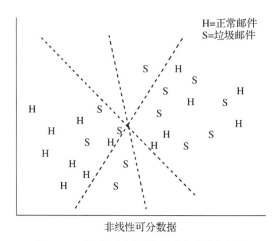

图 3-4　感知机对非线性可分数据的分析结果

克服感知机的使用局限性的一种方法是接受它们之间**更宽的数据分离间隔**。这是 SVM 遵循的策略,我们将在下一节中介绍这个主题。

使用 SVM 检测垃圾邮件

SVM 是监督学习算法(以及感知机)的一个示例,其任务是识别最能分隔可在**多维空间**中表示的数据类别的超平面。但是,可以将数据正确分隔的超平面可能有很多,那么,目标就是选择**最优化分类间隔**(即超平面与数据之间的距离)的超平面。

SVM 的一个优点是,所识别的超平面**不限于**线性模型(不同于感知机),如图 3-5 所示:

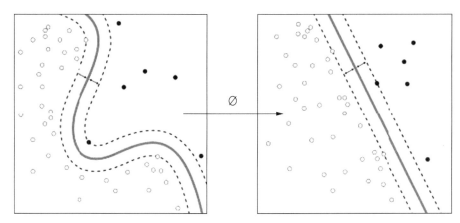

图 3 - 5　SVM 对数据的分析结果

因此,SVM 可被视为感知机的一个扩展。对于感知机,我们的目标是使分类错误**最小化**;对于 SVM,我们的目标是使间隔**最大化**,即超平面与最接近超平面的训练数据(最接近超平面的训练数据称为**支持向量**)之间的距离。

SVM 优化策略

为什么首先要选择最大化间隔的超平面? 原因在于这样一个事实,即**较大的间隔**对应较少的分类错误,而**较小的间隔**则可能导致发生**过拟合现象**(这是在处理迭代算法时可能发生的真实灾难,我们将在讨论 AI 解决方案的验证和优化策略时看到)。

我们可以将 SVM 优化策略转换成数学形式,类似于我们在讨论感知机时所做的(这仍然是我们的起点)。我们定义了确保 SVM 正确识别出分隔数据类别的最佳超平面所必须满足的条件:

$$y = \sum w_i x_i + \beta \geqslant \mu$$

在这里,常数 β 表示偏置,而 μ 表示间隔(假定最大可能的正值,以便在类别之间获得最佳分隔)。

在实践中,当存在属于同一**类别标签**的值时,在代数乘法(用 $\sum w_i x_i$ 表示)中,我们添加偏置项 β,可以获得大于或等于零的值(与使用感知机一样,请记住 y 只能取值 -1 或 $+1$ 来区分样本所属的相应类别）。

此时，将以此方式计算出的值与间隔 μ 进行比较，以确保每个样本与我们确定的分隔超平面之间的距离（从而构成我们的决策边界）大于或最多等于我们的间隔（正如我们所见，被确定为最大可能的正值，以在类别之间获得最佳分隔）。

SVM 垃圾邮件过滤器示例

让我们回到垃圾邮件过滤器的例子，并用 SVM 代替感知机，正如我们在识别超平面中所看到的那样，我们不仅仅局限于使用线性分类器模型（能够在复杂度更高的分类器之间进行选择）。

但是，为了将之前得到的结果与代表严格线性分类器的感知机进行比较，在使用 SVM 时，我们还是选择线性分类器。

但是，这一次我们的数据集（存储在 sms_spam_svm.csv 文件中，是从我们在本章前面找到的垃圾短信集合中得出的，从中提取出各种可疑关键字的出现次数并将其与消息中出现的无害单词的总数进行比较）不是严格线性可分的。

与感知机相同，我们将继续用 pandas 库加载数据，将类别标签关联到 - 1 值（垃圾邮件）和 1（正常邮件）：

```
import pandas as pd
import numpy as np
df = pd.read_csv('../datasets/sms_spam_svm.csv')
y = df.iloc[:, 0].values
y = np.where(y == 'spam', - 1, 1)
```

加载数据后，我们将原始数据集分为 30% 的测试数据和 70% 的训练数据：

```
from sklearn.model_selection import train_test_split

X_train, X_test, y_train, y_test = train_test_split(X, y, test_size= 0.3, random
_state= 0)
```

此时，我们可以继续实例化 SVM，从 sklearn.svm 包导入 SVC 类（代表**支持向量分类器**），选择线性分类器（kernel = 'linear'），然后通过调用 fit() 方法进行模型训练，最后通过调用 predict()方法估计测试数据：

```
from sklearn.svm import SVC

svm = SVC(kernel= 'linear', C= 1.0, random_state= 0)
svm.fit(X_train, y_train)
y_pred = svm.predict(X_test)
```

现在我们可以使用 sklearn.metrics 包来评估 SVM 算法返回的预测值的准确性,就像我们对感知器所做的那样：

```
from sklearn.metrics import accuracy_score

print('Misclassified samples: % d' % (y_test ! = y_pred).sum())
print('Accuracy: % .2f' % accuracy_score(y_test, y_pred))
Misclassified samples: 7
Accuracy: 0.84
```

即使存在非线性可分的数据,我们也可以看到 SVM 算法的表现良好,因为预测的准确率达到 84%,错误分类的数量仅为 7。

使用 SVM 检测图像垃圾邮件

SVM 算法的多功能性使我们能够处理更复杂的现实分类情况,例如以图像而不是简单文本表示的垃圾邮件。

正如我们所见,垃圾邮件发送者很清楚我们尝试的检测,因此试图采用各种可能的解决方案来欺骗我们的过滤器。其中一个规避策略是将图像用作传播垃圾邮件的工具,而不是简单的文本。

不过,一段时间以来,已经有了可行的基于图像的垃圾邮件检测解决方案。在这些解决方案中,我们可以根据以下内容区分检测策略：

- **基于内容的过滤**：该方法包括尝试识别文本垃圾邮件中最常用的可疑关键字,即使在图像内也是如此。为此,实现了利用**光学字符识别**(Optical Character Recognition,OCR)的模式识别技术,以便从图像中提取文本(这是 SpamAssassin 采用的解决方案)。
- **非基于内容的过滤**：在这种情况下,我们尝试识别垃圾邮件图像的特定特征(例如颜色特征等),原因是计算机生成的垃圾邮件图像与自然图像相比具有不同的特征。为了提取特征,我们利用了基于神经网络和深度学习的高级识别技术。

SVM 是如何产生的?

一旦提取了图像的显著特征,并且将相应样本分类到其各自的类别(垃圾邮件或正常邮件)中,就可以利用 SVM 对这些特征执行模型训练。

关于这一主题的最新项目之一是 Annapurna Sowmya Annadatha 的图像垃圾邮件分析 (http://scholarworks.sjsu.edu/etd_projects/486),其特点是采用了创新的方法,基于这样的假设:计算机生成的垃圾邮件图像的特征与相机拍摄的图像的特征不同;使用 SVM 在降低计算成本的基础上,还可以提高结果的准确性。

该方法包括以下步骤:

1. 使用线性 SVM 和特征集训练分类器
2. 计算所有特征的 SVM 权重
3. 选择权重最大的第一个
4. 基于子集创建模型

更多相关信息,请参考上一段中提到的项目资料参考。

使用 Logistic 回归和决策树检测网络钓鱼

在分析了感知机和 SVM 之后,现在介绍利用逻辑回归和决策树的另一种分类策略。

但是在继续介绍之前,我们将先从回归模型开始,了解这些算法的独特功能及其在垃圾邮件检测和网络钓鱼检测中的用途。

回归模型

回归模型无疑是最常用的学习算法。通过统计分析开发的回归模型已经在 ML 和 AI 中广泛应用。最著名和最常用的回归模型是线性回归,这要归功于其简单的实现和良好的预测能力,使得我们能够在许多实际应用中实现目标(例如估计房价水平与利率变化的关系)。

除了线性回归模型之外,还有逻辑回归模型,它尤其适用于最复杂的情况,在这种情况下,线性模型被证明对处理的数据时过于严格。因此,这两种模型都是分析人员和算法开发人员的首选工具。

在下一节中,我们将分析回归模型的特性和优势,以及它们在垃圾邮件检测领域中的可能用途。让我们从最简单的模型(线性回归模型)开始分析,这将有助于我们与逻辑回归模型进行比较。

线性回归模型引入

线性回归模型的特点是将输出表示为特征的总和,也就是笛卡尔平面上的一条直线。

用正式术语来说,线性回归可以用以下公式描述:

$$y = w\boldsymbol{X} + \beta$$

此处,y 表示预测值,是单个特征(用矩阵 $\boldsymbol{X}$ 表示)和对应权重向量(用向量 w 表示)线性组合的结果再加上常数(β),代表所有特征均假定为零(或只是缺失)时的默认预测值。

β 常数也可以解释为模型的系统失真,并且在图形上与笛卡尔平面垂直轴上的**截距值**(即回归线与垂直轴的交点)相对应。

显然,线性模型可以扩展到具有多个特征的情况,则数学形式如下:

$$y = w\boldsymbol{X} + \beta$$

该公式的几何表示将对应于 n 维空间中的超平面,而不是笛卡尔平面上的直线。我们已经提到了在特征值为零时,将常数 β 作为模型的默认预测值的重要性。

权重向量 w 中的单一 w_i 值可以解释为对应特征 x_i 的强度度量。

应用中,如果权重 w_i 的值接近零,则对应的特征 x_i 在确定预测值时具有最小的重要性(或根本没有重要性)。相反,如果权重 w_i 为正值,那么它将放大回归模型返回的最终值。

另一方面,如果 w_i 为负值,则对模型预测具有相反的作用。当特征值 x_i 增加,则对应的回归估计值减小。因此，权重对特征 x_i 的影响很重要，因为权重决定着我们从回归模型得出的预测值的正确性。

使用 scikit-learn 的线性回归

在下面的代码段中，我们将看到如何使用 scikit-learn 的 linear_model 模块实现一个基于线性回归的简单预测模型，之前使用过的垃圾邮件数据集将作为训练数据：

```
import pandas as pd
import numpy as np

df = pd.read_csv('../datasets/sms_spam_perceptron.csv')
X = df.iloc[:, [1, 2]].values
y = df.iloc[:, 0].values
y = np.where(y == 'spam', - 1, 1)

from sklearn.linear_model import LinearRegression

linear_regression = LinearRegression()
linear_regression.fit(X, y)
print (linear_regression.score(X, y))
```

为了验证线性回归模型预测的准确性，我们可以使用 score()方法，它为我们提供了 R^2 度量系数。

该系数在 0 到 1 之间，它可以衡量线性模型返回的预测值与简单均值相比好多少。

线性回归的优点和缺点

正如我们所见，实现的简单性无疑是线性回归模型的优势。但是，该模型的局限性更突出。

实际上，线性回归模型只能用于预测定量数据，而在预测分析使用分类数据时，我们不得不求助于逻辑回归模型。此外，线性回归的主要局限性在于该模型假设特征之间大多是不相关的，也就是说，它们不会互相影响。该假设将特征及其各自权重之间的乘积表示合法化为独立项的总和。

但是，在某些实际情况下，这种假设是不现实的（例如，表示体重和年龄的变量之间可能存在关系，因为体重随着年龄的变化而变化）。这种假设的负面影响在于，我们冒着多次添加相同信息的风险,无法正确预测变量组合对最终结果的影响。

用技术术语来说,线性回归模型的特点是预测中的偏差较大,而不是方差较大(我们之后将有机会在偏差和方差之间进行权衡)。

换句话说,当所分析的数据表现出复杂的关系时,线性回归模型会导致我们系统地扭曲预测。

逻辑回归

我们已经看到,线性回归的局限性之一是它不适合用于解决分类问题。

实际上,如果我们想使用线性回归将样本分为两类(如垃圾邮件检测),类别标签由数值表示(例如,垃圾邮件为 - 1,正常邮件为 + 1),线性回归模型将尝试寻找最接近目标值的结果(也就是说,线性回归的目的是最小化预测误差)。这样做的负面影响是它可能导致更大的分类错误。相对于感知机,线性回归在分类准确性方面并没有提升,这是因为线性回归在连续的值区间上的效果比在离散值的类别(分类中就是这种情况)上的效果更好。

对于分类问题最有用的另一种策略是估计样本属于各个类别的概率。这就是逻辑回归(尽管名称如此,但它是一种分类算法,而不是回归模型)所采用的策略。

逻辑回归的数学公式如下:

$$P(y=c\,|\,x)=\frac{e^z}{(1+e^z)}$$

这里,$z=\sum w_i x_i$,因此 $P(y=c\,|\,x_i)$ 表示根据特征 x_i,给定样本属于类别 c 的条件概率。

使用逻辑回归的网络钓鱼检测器

因为逻辑回归对解决分类问题特别有用,我们可以充分利用逻辑回归来实现网络钓鱼检测器。与垃圾邮件检测一样,网络钓鱼检测也仅是一个样本分类任务。

在我们的示例中,将使用 UCI 机器学习仓库网站上的可用数据集(https://archive.

ics.uci.edu/ml/datasets/Phishing+ Websites)。

该数据集已使用一种被称为**独热编码**（**one-hot encoding**）的数据整理技术（https://en.wikipedia.org/wiki/One- hot），从原始的.arff 格式转换为 CSV 格式，由包含了网络钓鱼网站的 30 个特征的记录组成。

以下代码块中包含了检测器的源代码：

```
import pandas as pd
import numpy as np
from sklearn import *
from sklearn.linear_model import LogisticRegression
from sklearn.metrics import accuracy_score

phishing_dataset = np.genfromtxt('../datasets/phishing_dataset.csv',
delimiter= ',', dtype= np.int32)

samples = phishing_dataset[:,:- 1]

targets = phishing_dataset[:, - 1]

from sklearn.model_selection import train_test_split

training_samples, testing_samples, training_targets, testing_targets =
train_test_split(samples, targets, test_size= 0.2, random_state= 0)

log_classifier = LogisticRegression()

log_classifier.fit(training_samples, training_targets)

predictions = log_classifier.predict(testing_samples)
accuracy = 100.0 * accuracy_score(testing_targets, predictions)

print ("Logistic Regression accuracy: " + str(accuracy))

Logistic Regression accuracy: 91.72320217096338
```

正如我们所见，逻辑回归分类器的准确性非常好，因为该模型能够正确检测 90% 以上的 URL。

逻辑回归的优点和缺点

采用逻辑回归的优势可总结如下：

• 模型的训练非常高效

- 即使存在大量特征也可以有效地使用它
- 由于评分函数非常简单,该算法具有高度的可扩展性

但是,与此同时,逻辑回归也具有一些重要的局限性,源于逻辑回归的基本假设,比如特征必须是线性无关的(该规则在技术术语中解释为不存在多重共线性),并且平均而言,它比其他竞争算法需要更多的训练样本,因为众所周知,逻辑回归中采用的最大似然准则在最小化预测误差方面不如线性回归中使用的最小二乘法得有效。

使用决策树

如前几段所述,当我们必须选择用于执行给定任务的算法时,必须考虑数据的特征类型。这些特征实际上可以由定量值或定性数据组成。

当处理定量值时,机器学习算法显然更加轻松。但是,大多数实际情况涉及以定性形式表示的数据(例如描述、标签、文字等),即以非数字形式表示的信息。

与垃圾邮件检测一样,我们已经看到了如何将定性特征(例如垃圾邮件和正常邮件,我们分别为其赋值- 1和+ 1)转换为数值形式(称为**数字编码**),但这只能部分解决分类问题。

约翰·罗斯·昆兰(John Ross Quinlan)在论文《决策树归纳》(*Induction of Decision Trees*)(http://dl.acm.org/citation.cfm? id= 637969)中描述了决策树算法,文中考虑了以定性形式传达的信息,这并非偶然。昆兰(对决策树的发展做出了重大贡献)这篇论文的主题实际上是根据诸如天气(晴天、阴天或下雨)、温度(凉爽、温和或炎热)、湿度(高或正常)、风力(有或没有)等特征来选择是否在室外打网球。

我们如何指示计算机处理以定量和定性形式表示的信息呢?

决策树原理

决策树使用二叉树来分析和处理数据,从而成功地对以数值和类别形式表示的数据进行预测,同时接受数值和定性信息作为输入数据。

为了直观地理解决策树采用的策略,让我们看一下其实现的关键步骤:

1. 第一步是在验证了一个二进制条件之后,将原始数据集细分为两个子集。在第一次细分之后,我们将得到两个子集,其中二进制条件被证实或证伪。

2. 子集将根据进一步的条件继续细分;在每个步骤中,需要选择对原始子集提供最佳分割的条件(为此,必须使用适当的度量标准来度量细分的质量)。

3. 以递归方式进行细分。因此有必要定义一个停止条件(例如达到最大深度)。

4. 在每次迭代中,该算法都会生成一个树结构,其中的子节点代表在每个步骤中做出的选择,每个叶节点都对输入数据的整体分类有所贡献。

图 3 - 6 描绘了 Iris 数据集的决策树。

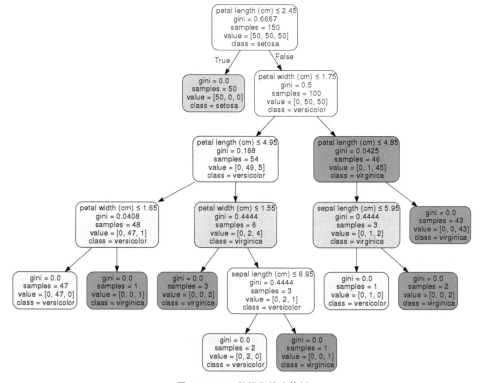

图 3 - 6　Iris 数据集的决策树

决策树在大型数据集细分中也非常有效。实际上,树型数据结构的特征使我们能够将算法的复杂度限制为 $O(\log n)$ 的数量级。

使用决策树的检测网络钓鱼

现在,我们将看到在网络钓鱼检测任务中使用决策树。如前文所述,网络钓鱼检测(以及垃圾邮件过滤)本质上是对输入数据进行分类:

```
import pandas as pd
import numpy as np
from sklearn import *
from sklearn.linear_model import LogisticRegression
from sklearn.metrics import accuracy_score

phishing_dataset = np.genfromtxt('../datasets/phishing_dataset.csv',
delimiter= ',', dtype= np.int32)

samples = phishing_dataset[:,:- 1]
targets = phishing_dataset[:, - 1]

from sklearn.model_selection import train_test_split

training_samples, testing_samples, training_targets, testing_targets =
train_test_split(samples, targets, test_size= 0.2, random_state= 0)

from sklearn import tree

tree_classifier = tree.DecisionTreeClassifier()

tree_classifier.fit(training_samples, training_targets)

predictions = tree_classifier.predict(testing_samples)
accuracy = 100.0 * accuracy_score(testing_targets, predictions)

print ("Decision Tree accuracy: " + str(accuracy))

Decision Tree accuracy: 96.33649932157394
```

可以看到决策树分类器获得了比逻辑回归更出色的性能。

决策树的优点和缺点

除了上述优点之外,我们还必须牢记决策树的可能缺点,这些缺点基本上与过拟合现象有关,而过拟合是由于树型数据结构的复杂度造成的(实际上,有必要系统地对树进行修剪,以降低其总体复杂度)。

复杂度的不良后果之一是算法对训练数据集中的最小变化都具有很高的敏感度，这可能会对预测模型产生明显的影响。因此，决策树并不适合增量学习。

使用朴素贝叶斯检测垃圾邮件

使用朴素贝叶斯技术的优点之一，是只需很少的原始数据即可开始对输入数据进行分类；此外，逐渐累加的信息有助于动态更新先前的估计，从而逐步改进预测模型（与我们在上一段中看到的基于决策树的算法不同）。

朴素贝叶斯在垃圾邮件检测方面的优势

上述特性非常适合垃圾邮件检测任务。实际上，基于朴素贝叶斯（Naive Bayes）的垃圾邮件检测算法可以利用收件箱中已经存在的电子邮件，而无需依赖大型数据集，根据逐渐增加的新电子邮件消息来不断更新概率估计。

概率估计的更新过程基于众所周知的贝叶斯定理：

$$P(A|E) = \frac{P(A)P(E|A)}{P(E)}$$

上述方程式描述了依据 E 发生的条件下事件 A 发生的概率。

这里概率估计 $P(A|E)$（后验概率）取决于 A 发生的概率（先验概率）和依据 E 的似然概率 $P(E|A)$。

贝叶斯定理概率更新的一个重要特征是，作为更新过程的结果，$P(A|E)$（后验概率）成为新的先验概率，从而有助于动态更新现有概率估计。

为什么使用朴素贝叶斯

贝叶斯定理的一个基本假设是，它假定了事件的独立性。这种假设并不总是成立的。

但是,在大多数情况下,这是产生良好预测的合理条件,同时简化了贝叶斯定理的应用,尤其是在存在多个竞争事件时,可将计算简化为每个事件相关概率的简单乘法。

在将朴素贝叶斯算法应用于垃圾邮件检测之前,我们需要研究文本分析技术,以使朴素贝叶斯能够动态识别垃圾邮件发送者所使用的可疑关键字(而不是像我们在前面的示例中那样以固定方式进行选择)。

NLP 来帮忙

NLP 无疑是 AI 最令人兴奋的领域之一,它包括对人类语言的分析和自动理解。

NLP 的目的是尝试从非结构化数据(例如电子邮件、推文和 Facebook 帖子)中提取敏感信息。

NLP 的应用领域非常广泛,包括同声翻译、情感分析和语音识别等。

NLP 步骤

NLP 的关键阶段如下:

1. 识别构成该语言的单词(标记)
2. 文本结构分析
3. 识别单词之间(在段落、句子等中)的关系
4. 文本的语义分析

用于 NLP 的最著名的 Python 库之一是**自然语言工具包(Natural Language Toolkit, NLTK)**,通常用于垃圾邮件检测。

在下面的示例中,我们将看到如何结合 NLTK 和朴素贝叶斯来创建垃圾邮件检测器。

使用 NLTK 的贝叶斯垃圾邮件检测器

作为最后一个示例,我们将使用 `sklearn.naive_bayes` 模块中的 MultinomialNB 展示

一个基于朴素贝叶斯的分类器。与往常一样,我们将以 CSV 格式存储的垃圾邮件原始数据集进行划分,30％作为测试数据子集,其余的 70％作为训练数据子集。

这些数据将采用**词袋(Bag of Words, BoW)**模型进行处理,该模型使用 sklearn 的 Count-Vectorizer 类为文本中的每个已识别词分配一个数字,我们将向词袋模型传递 get_lemmas()方法,该方法返回从消息文本中提取的各个标记。

最后,我们将使用 TfidfTransformer 对数据进行归一化和加权,它将计数矩阵转换为归一化的 tf 或 tf-idf 表示形式。

在 TfidfTransformer 的 scikit-learn 技术文档(https://scikit-learn. org/ stable/modules/generate/sklearn.feature_extraction.text.TfidfTrans-former.html)中,我们可以找到以下内容:

"*Tf 表示词频,而 tf-idf 表示词频乘以逆文档频率。这是信息检索中常用的术语加权方案,在文档分类中也有很好的应用。使用 tf-idf 代替在特定文档中标记出现的原始频率的目的是减少在给定语料库中频繁出现的标记的影响,因此从经验上讲,其信息量比在一小部分训练语料库中出现的特征要少。*"

让我们看一下源代码:

```
import matplotlib.pyplot as plt
import csv
from textblob import TextBlob
import pandas
import sklearn
import numpy as np

import nltk

from sklearn.feature_extraction.text import CountVectorizer,
TfidfTransformer
from sklearn.naive_bayes import MultinomialNB
from sklearn.metrics import classification_report, accuracy_score
from sklearn.model_selection import train_test_split

from defs import get_tokens
from defs import get_lemmas

sms = pandas.read_csv('../datasets/sms_spam_no_header.csv', sep= ',',
names= ["type", "text"])
```

```
text_train, text_test, type_train, type_test =
train_test_split(sms['text'], sms['type'], test_size= 0.3)

# bow 代表了"Bag of Words"
bow = CountVectorizer(analyzer= get_lemmas).fit(text_train)

sms_bow = bow.transform(text_train)

tfidf = TfidfTransformer().fit(sms_bow)

sms_tfidf = tfidf.transform(sms_bow)

spam_detector = MultinomialNB().fit(sms_tfidf, type_train)
```

我们可以通过尝试对随机邮件(在我们的示例中,我们从数据集中选择了第 26 封邮件)进行预测来检查 spam_detector 是否工作正常,并将预测值与邮件相关的对应类型标签值进行比较,来检查检测器是否正确区分了邮件类型(垃圾邮件或正常邮件):

```
msg = sms['text'][25]
msg_bow = bow.transform([msg])
msg_tfidf – tfidf.transform(msg_bow)

print ('predicted:', spam_detector.predict(msg_tfidf)[0])
print ('expected:', sms.type[25])

predicted: ham
expected: ham
```

至此,一旦验证了正确的功能,我们便对整个数据集进行预测:

```
predictions = spam_detector.predict(sms_tfidf)
print ('accuracy', accuracy_score(sms['type'][:len(predictions)],
predictions))
accuracy 0.7995385798513202
```

前面的代码生成如图 3-7 所示的输出。

```
print (classification_report(sms['type'][:len(predictions)], predictions))
              precision    recall  f1-score   support

         ham       0.87      0.90      0.89      3382
        spam       0.15      0.11      0.13       519

   micro avg       0.80      0.80      0.80      3901
   macro avg       0.51      0.51      0.51      3901
weighted avg       0.77      0.90      0.79      3901
```

图 3-7 代码输出

从 3 - 7 图中可以看出,朴素贝叶斯的准确率已经很高了(80%),并且与其他算法对比有优势,即随着所分析的消息数量的增加,这种准确率还可以进一步提高。

小结

在本章中,我们介绍了几种监督学习算法,并且看到了它们在解决常见网络安全领域常见任务中的具体应用,例如垃圾邮件检测和网络钓鱼检测。

在本章获得的知识有助于形成正确的心态来面对日益复杂的任务,例如我们将在下一章中面对的任务,从而使我们对每种 AI 算法的优缺点有更深入的认识。

在下一章中,我们将学习使用深度学习进行恶意软件分析和高级恶意软件检测。

4

恶意软件威胁检测

恶意软件和勒索软件代码的高度扩散,以及该类威胁的不同变体(多态和变态恶意软件)的快速多态突变,使得基于签名和图像文件哈希的传统检测解决方案已经过时,而大多数常见的防病毒软件都是基于这种检测方案。

因此,越来越有必要采用能够快速筛查(**分流**)威胁的**机器学习**解决方案,将注意力集中在不浪费稀缺资源上,如恶意软件分析人员的技能和精力。

本章将涵盖以下主题:

- 介绍恶意软件分析方法
- 如何区分不同的恶意软件家族
- 基于决策树的恶意软件检测器
- 使用**隐马尔可夫模型**(**HMM**)检测变态恶意软件
- 使用深度学习的高级恶意软件检测

恶意软件分析一瞥

对于那些进行恶意软件分析的人来说,最有趣的一个方面就是学会区分,例如合法的二进制文件和那些对机器及其所包含数据的完整性有潜在危险的文件。我们通常指的是二进制文件,而不是可执行文件(即扩展名为 .exe 或 .dll 的文件),因为恶意软件甚至可以隐藏在图像文件(扩展名为 .jpg 或 .png 的文件)之类看上去无害的文件中。

同样,即使是文本文档(例如 .docx 或 .pdf)也可以成为软件感染携带者或**载体**,尽管它们**不是可执行**文件格式的。此外,恶意软件传播的第一步(无论是家用 PC 还是公司局域网)通常是通过损害被攻击机器内文件的完整性来实现的。

因此,关键是要能够有效识别恶意软件的存在,以防止或至少限制其在组织内传播。

以下是一些通常用于对在野(in the wild)传播(通过伪造链接、垃圾邮件和网络钓鱼等方式)的文件和软件进行初步调查的分析策略(及相关工具),以识别出潜在危险的文件和软件。

为了实现这一目标,我们必须更加仔细地研究静态和动态恶意软件分析的传统方法。

利用人工智能进行恶意软件检测

随着恶意软件的传播,相关的威胁数量几乎呈指数级增加,实际上仅凭**人工分析**是不可能有效地应对这些威胁的。

因此,有必要引入算法,至少可以使恶意软件分析的准备阶段实现自动化(称为分流,源于第一次世界大战期间医生所采用的做法,即选择最有可能存活下来的伤员进行治疗)。也就是说,恶意软件分析人员对要分析的恶意软件进行初步筛选,使他们能够及时有效地应对实际的网络威胁。

考虑到网络安全所特有的动态性(根据定义),这些算法实际上采用了 AI 工具的形式。实际上,机器必须能够做出有效响应,使自己适应未知威胁传播带来的环境变化。

这不仅意味着分析人员可以操纵恶意软件分析的工具和方法(这是显而易见的),而且他们还可以解释算法的行为,意识到机器所采用的选择。

因此,要求恶意软件分析人员根据自动分析获得的结果,理解 ML 遵循的逻辑,(直接或间接)干预相关学习过程(**精细调整**)。

恶意软件的名称很多

恶意软件的类型多种多样,并且每天都会出现新形式的威胁,它们会创造性地重新利用以前的攻击形式,或者针对目标组织的特定特征采用全新威胁策略[在**高级持续性威胁(Advanced Persistent Threat,APT)**的情况下,这些威胁是完全针对目标受害者量身定制的攻击形式]。这取决于攻击者的想象力。

但是,可以对最常见的恶意软件进行分类,以了解哪些是最有效的预防措施,并比较它们对不同恶意软件的处理效果:

- **木马**:看似合法且无害的可执行文件,但是一旦启动,它们就会在后台执行恶意指令。
- **僵尸网络**:一种恶意软件,目的是破坏尽可能多的网络主机,以将其计算能力提供给攻击者。
- **下载器**:从网络上下载恶意库或部分代码并在受害主机上执行的恶意软件。
- **Rootkit**:在操作系统级别破坏主机的恶意软件,因此通常以设备驱动程序的形式出现,从而导致各种对策(例如端点上安装的防病毒软件)失效。
- **勒索软件**:一种恶意软件,对存储在主机中的文件进行加密,要求受害者提供赎金(通常用比特币支付),以获取用于恢复原始文件的解密密钥。
- **APT**:是利用受害主机上的特定漏洞量身定制的攻击形式。
- **零日**(0 days):一种恶意软件,利用尚未向研究人员和分析人员社区公开的漏洞,其特征和安全方面的影响尚不为人所知,因此防病毒软件无法检测到。

显然,这些不同类型的威胁可以融合在同一恶意文件中,从而放大攻击效果(例如,一个看似无害的木马可以成为真正的威胁,因为它的行为就像是一个下载器,一旦执行就会连接到网络并下载恶意软件,如 rootkits,它会破坏本地网络并将其转变为僵尸网络)。

业界的恶意软件分析工具

常用的一些恶意软件分析工具可以分类如下:

- 反汇编程序(例如 Disasm 和 IDA)
- 调试器(例如 OllyDbg、WinDbg 和 IDA)

- 系统监视器(例如 Process Monitor 和 Process Explorer)
- 网络监视器(例如 TCP View、Wireshark 和 tcpdump)
- 脱壳工具和加壳识别器(例如 PEiD)
- 二进制和代码分析工具(例如 PEView、PE Explorer、LordPE 和 ImpREC)

恶意软件检测策略

显然,每种类型的威胁都需要特定的检测策略。在本节中,我们将看到传统的恶意软件检测分析方法,这些方法由恶意软件分析人员手动执行。它们提供了对各分析阶段的更详细理解,通过引入 AI 算法,这些阶段可以得到改进并更高效,从而使分析人员从重复性或繁重的任务中解放出来,使他们专注于分析中最特殊或不寻常的任务。

应该强调的是,恶意软件的开发是攻击者进行创造性活动的结果,因此不容易将其归因于预先建立的方案或前缀模式。同样地,恶意软件分析人员必须利用他们所有的想象力资源,开发非常规的程序,以便能够在某种猫鼠游戏中始终走在攻击者的前面。

因此,恶意软件分析应更多地被视为一门艺术,而不是一门科学,它需要分析人员总是能够想出新的检测方法来及时识别未来的威胁。因此,恶意软件分析人员不仅要不断更新其技术技能,还要不断更新其调查方法。

不过事实仍然是可以通过采用常规分析方法来启动检测活动,尤其是检测已知威胁的存在。

为此,常见的恶意软件检测可以包括:

- **哈希文件计算**:识别知识库中已经存在的已知威胁
- **系统监视**:识别硬件和操作系统的异常行为(例如 CPU 周期异常增加、磁盘写入活动特别繁重、注册表项更改以及在系统中创建新的和未经请求的进程)
- **网络监视**:识别由主机建立的到远程目标的异常连接

在我们了解了恶意软件分析方法后,通过使用特定算法可以轻松地自动执行这些检测活动。

静态恶意软件分析

恶意软件分析的第一步始于评估二进制文件中是否存在可疑的工件（artifact），而无需实际运行（执行）代码。

这一阶段的技术复杂度称为**静态恶意软件分析**。

静态恶意软件分析包括以下内容：

- 确定感兴趣的分析目标
- 了解指令执行的流程
- 识别已知模式并将其与可能的恶意软件关联（也称为**恶意软件检测**）

为此，使用分析工具和程序来执行以下功能：

- 识别对系统 API 的调用
- 解码和处理字符串数据以获得敏感信息（例如，域名和 IP 地址）
- 检测是否下载其他恶意软件代码（例如，**命令和控制（C**2**）**、后门和反向 shell）

静态分析方法

静态恶意软件分析通过对恶意软件进行反汇编，检查恶意软件反汇编二进制映像中的机器指令（汇编指令），以便在继续执行之前识别其有害性并评估二进制代码的外部特征。

静态恶意软件分析的难点

静态恶意软件分析最大的问题是很难确定恶意软件反汇编的正确性。鉴于反分析技术的日益普及，很难保证由反汇编器生成的反汇编二进制映像是可靠的。因此，分析人员必须进行初步分析，以检测可执行代码是否加壳。

这种初步分析过程经常被分析人员忽略，因为它们需要花费较长时间；但是，它们对于要实现的相关目标是必不可少的。

此外，如果没有正确检测到可执行代码某些部分的存在（可能是因为它们隐藏在被认为是无害的数据中,例如表示图像的资源),则这种缺陷可能会破坏后续的动态分析,从而无法确定要调查的恶意软件的确切类型。

如何进行静态分析

一旦确认反汇编的恶意软件是可靠的,就可用不同的方式进行:实际上,每个分析人员都遵循他们自己的首选策略,该策略基于他们的经验和所追求的目标。

原则上,可采用的策略如下:

- 系统地分析二进制指令,而无需执行它们。在恶意软件较大时,这是一种有效的技术,因为分析人员必须跟踪所分析的每条指令的数据状态。
- 扫描指令以查找感兴趣的序列,设置断点并部分执行程序直至断点,然后在该点检查程序的状态。该方法通常用于根据调用这些调用的顺序来确定是否存在危险的系统调用(例如,由连接网络、创建文件并修改系统注册表组成的序列是恶意软件下载器最常见的系统 API 调用序列之一)。
- 同样,也可以检测某些 API 调用的缺失。没有发起网络连接所必需的系统调用(例如,与网络相关的调用)的代码显然不能表示后门(但可以充当,例如键盘记录器,因为它调用了系统 API 序列以检测在键盘上按下的键并写入磁盘)。
- 在反汇编映像中以字符串格式搜索敏感信息(例如域名和 IP 地址)。此外,在此情况下,也可以根据网络链接设置调试器断点,并检测在连接到互联网时恶意软件联系到的任何域名或远程 IP 地址。

静态分析的硬件要求

与动态分析不同,静态分析通常在硬件方面需要较少的资源,因为从原则上讲,分析人员不会执行所分析的恶意代码。

正如我们将看到的,在动态恶意软件分析情况下,可能有较高的硬件需求,并且在某些情况下使用虚拟机是不够的。这是由于恶意软件具有一些对策(反分析技巧),如果检测到虚拟机的存在,则会阻止代码的执行。

动态恶意软件分析

正如我们所见,静态恶意软件分析包括以下特性:

- 验证给定的二进制文件是否是恶意的。
- 在不启动执行程序时,根据文件可更改的特征(例如,文件格式或存储在其中的资源)进行分析,以尽可能多地获取二进制文件的信息。
- 计算文件的哈希值用作签名(此签名也可以在恶意软件分析人员社区内共享,以便更新恶意软件威胁的整体知识库),通过该哈希值可以对可疑二进制文件进行分类。
- 毫无疑问,静态恶意软件分析尽管可以快速进行,但仍存在一系列方法上的局限性,尤其是在分析复杂类型的恶意软件(例如 APT 和多态恶意软件)时。对这些局限性的一种补救措施是将其与动态恶意软件分析相结合,以尝试更深入地了解所分析恶意软件的性质和类型。

动态恶意软件分析的独特之处在于,与静态恶意软件分析不同,二进制文件会被执行(通常在隔离和受保护的环境中,称为**恶意软件分析实验室**,利用沙箱和虚拟机来防止恶意软件在企业网络中广泛传播)。

因此,此策略需要分析动态行为,例如,验证恶意可执行文件有没有从互联网下载恶意库或攻击代码(有效载荷),或者在每次执行时修改自己的可执行指令,从而使基于签名的检测程序(防病毒软件使用的)无效。

反分析技巧

恶意软件开发人员通常采取的对策(阻止对恶意软件的分析或增加分析的难度)依赖于有效载荷的加密以及加壳工具和下载程序等的使用。

动态恶意软件分析通常可以检测到这些技巧,但是动态恶意软件分析也受到与虚拟机使用相关的限制,例如,通过利用某些执行技巧,恶意软件可以很容易地检测到虚拟机的存在,如下所示:

- 预期有默认行为的指令的执行:恶意软件可以计算某些操作的执行时间,如果这些操作的执行速度比预期的要慢,则可以推断该执行是在虚拟机上进行的。

- 基于硬件的虚拟机检测:通过在硬件级别执行某些特定指令(例如,访问受 CPU 保护的寄存器的指令,如 `sldt`、`sgdt` 和 `sidt`)。

- 访问某些注册表项,例如 `HKEY_LOCAL_MACHINE\SYSTEM\ControlSet001\Services\Disk\Enum`。

当恶意软件检测到虚拟机的存在时,它会以预期的方式停止工作,以避免分析人员尝试对其进行检测。

获取恶意软件样本

在我们的分析过程中,我们主要参考 Microsoft Windows 平台开发的恶意软件代码,由于该平台的普及,我们有大量可用的样本。

无论如何,一个经常被问到的问题是:我们可以从哪里获得恶意软件样本?

有几个在线资源,可从中下载恶意软件样本,包括:

- *MALWARE-TRAFFIC-ANALYSIS. NET*： https://www. malware - trafficanalysis.net/

- *VIRUSTOTAL*：https://www.virustotal.com

- *VirusShare*：https://virusshare.com

- *theZoo*：https://github.com/ytisf/theZoo(作者将其定义为一个存储实时恶意软件的库,以供您使用)

也可以通过部署蜜罐(甚至只是收集自己的电子邮件账户中收到的垃圾邮件)来获取在野恶意软件样本,从而创建自己的样本数据集。

拥有恶意软件数据集后,有必要利用自动执行恶意软件分析活动的脚本对其特征进行初步分析。

正如我们预期的那样,在我们的分析中,我们将重点关注为 Microsoft Windows 平台开发的恶意软件代码。为了进一步进行分析,我们需要了解该平台采用的可执行文件格式,即

可移植的可执行(PE)文件格式。

Microsoft 平台的每个可执行文件,无论扩展名是 `.exe`、`.dll` 还是 `.sys` 的文件(设备驱动器的情况下),都是为了加载到运行时内存中,然后由 Windows 操作系统执行,因此必须符合 PE 文件格式的必要规范。

我们简要研究此文件格式,说明如何从可执行文件中提取以 PE 文件格式存储的特征,以便创建一个用于训练 AI 算法的工件数据集。

破解 PE 文件格式

在分析 PE 文件格式时,我们将使用 **PEView**(可从 `http://wjradburn.com/software/PEview.zip` 在线获得),这是一个非常简单但有效的可视化 **PE 结构**的工具。如前所述,PE 是在 Windows 操作系统上执行的二进制映像的标准文件格式。

实际上,当 Windows **操作系统加载器**在运行时内存中加载可执行文件(不仅限于 `.exe` 文件,还包括 `.dll` 和 `.sys` 文件)时,它会执行 **PE 部分**中找到的用于要加载的二进制映像的加载指令。

这样,PE 文件格式的工件仍然是恶意软件开发人员和病毒编写者的**主要目标**之一。

PE 文件格式是潜在的感染媒介

正如我们将看到的,PE 可执行文件在二进制文件映像中包含多个部分,可以利用此特性隐藏恶意软件。

实际上,每个 PE 部分都可以看作一个文件夹,其中包含各种二进制对象(从图形文件到加密的库),这些二进制对象在运行时被执行和/或解密,从而可能感染同一台计算机或网络中远程计算机上的其他可执行文件。

例如,PE 部分可能包含旨在破坏内核的 `.sys`(恶意驱动程序)文件,以及包含配置参数的启动文件,或二进制文件可以连接到的远程链接,以便下载其他激活工件、C2 后门等。

PE 文件格式概述

PE 规范派生自 Unix **通用对象文件格式（Common Object File Format，COFF）**，它基本上是一种**数据结构**，涵盖了 Windows **操作系统加载器**管理可执行映像所需的信息，也就是说，在由操作系统执行之前将其结构映射到运行时内存中。

简而言之，PE 文件由 **PE 文件头**和**分节表**（分节头）组成，后面是**分节的数据**。

PE 文件头封装在 Windows **NT 头**结构（在 `winnt.h` 头文件中，与其他 C 结构一起）中，并且由以下内容组成：

- MS DOS 头
- PE 签名
- 映像文件头
- 可选头

文件头后面跟着**分节头**，如图 4 - 1 所示。

图 4 - 1　PE 文件格式

图片来源：https://commons.wikimedia.org/wiki/File:RevEngPEFile.JPG

分节头提供了关于分节的信息,包括位置、长度和特征。分节是 PE 文件中代码或数据的基本单位。

逻辑上将不同的功能区(例如代码和数据区)划分为多个分节。

此外,一个映像文件可以包含许多具有特殊用途的分节,例如 .tls 和 .reloc。

分节头提供了关于分节的信息。可执行文件中最常见的分节是文本、数据、RSRC、RData 和 RELOC。

大多数 Windows 可执行文件都包含资源,这里的"资源"是一个通用术语,指的是光标、图标、位图、菜单和字体之类的对象。PE 文件可以包含该文件中程序代码使用的所有资源的资源目录。

恶意软件很少使用图形资源,因此其资源总数相对比良性软件要少。

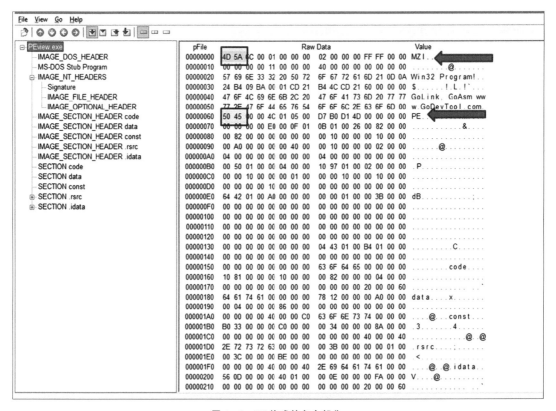

图 4 - 2　PE 格式的各个部分

PE 文件的许多字段没有强制性约束。在 PE 文件中存在许多冗余字段和空间,这可能会为隐藏恶意软件创造机会。

在图 4-2 中,我们执行 PEView 并将其 .exe 映像加载到内存中;**Tools** 部分显示了其 PE 格式的各个部分。

我们还在图中勾出了 DOS 头的特殊字段 e_magic,该字段通常包含 MZ 字符序列(对应于字节序列"0x4D 0x5A"),以及 PE 头的特殊字段 Signature(定义为 IMAGE_NT_HEADERS 结构),它包含 **PE** 字符序列,并指出该二进制文件是本机 Windows 可执行文件。

DOS 头和 DOS 存根

DOS 头仅用于向后兼容并且在 DOS 存根之前,该存根显示一条错误消息,指出该程序可能不在 DOS 模式下运行。

根据官方 PE 文档(位于 https://docs.microsoft.com/zh- cn/windows/ desktop/debug/pe- format# ms- dos- stub- image- only),MS-DOS 存根使 Windows 可以正确执行映像文件,即使它具有 MS-DOS 存根。

它位于 EXE 映像的前面,并且当映像在 MS-DOS 中运行时,打印出消息:This program cannot be run in DOS mode(该程序无法在 DOS 模式下运行)。

DOS 头包含一些用于向后兼容的字段,其定义如下:

```
typedef struct _IMAGE_DOS_HEADER {
// DOS.EXE 头
    WORD e_magic;
// 魔法数字
    WORD e_cblp;
// 文件最后一页的字节数
    WORD e_cp;
// 文件页数
    WORD e_crlc;
// 重定位
    WORD e_cparhdr;
// 段中头部的大小
    WORD e_minalloc;
// 所需的最小附加段数
    WORD e_maxalloc;
```

```
// 所需的最大附加段数
    WORD e_ss;
// 初始(相对)SS 值
    WORD e_sp;
// 初始 SP 值
    WORD e_csum;
// 校验和
    WORD e_ip;
// 初始 IP 值
    WORD e_cs;
// 初始(相对)CS 值
    WORD e_lfarlc;
// 重定位表的文件地址
    WORD e_ovno;
// 覆盖号
    WORD e_res[4];
// 保留字
    WORD e_oemid;
// OEM 标识等 (对于 e_oeminfo)
    WORD e_oeminfo;
// OEM 信息; e_oemid 特定
    WORD e_res2[10];
// 保留字
    LONG e_lfanew;
// 新 exe 头的文件地址
  } IMAGE_DOS_HEADER, * PIMAGE_DOS_HEADER;
```

PE 头结构

在 DOS 头和 DOS 存根之后,我们找到了 PE 头。

PE 头包含有关用于存储代码和数据的不同部分的信息,以及从其他库(DLL)请求的导入或所提供的导出(如果模块实际上是一个库的话)。看一下 PE 头的结构:

```
typedef struct _IMAGE_NT_HEADERS {
    DWORD Signature;
    IMAGE_FILE_HEADER FileHeader;
    IMAGE_OPTIONAL_HEADER32 OptionalHeader;
} IMAGE_NT_HEADERS32, * PIMAGE_NT_HEADERS32;
```

FileHeader 结构字段描述文件的格式(即内容、符号等),其类型在以下结构中定义:

```
typedef struct _IMAGE_FILE_HEADER {
    WORD Machine;
    WORD NumberOfSections;
    DWORD TimeDateStamp;
    DWORD PointerToSymbolTable;
    DWORD NumberOfSymbols;
    WORD SizeOfOptionalHeader;
    WORD Characteristics;
} IMAGE_FILE_HEADER, * PIMAGE_FILE_HEADER;
```

OptionalHeader 字段包含有关可执行模块的信息，包括所需的操作系统版本、内存需求和其进入点（即实际执行开始的相对内存地址）：

```
typedef struct _IMAGE_OPTIONAL_HEADER {
    //
    // 标准字段
    //

    WORD Magic;
    BYTE MajorLinkerVersion;
    BYTE MinorLinkerVersion;
    DWORD SizeOfCode;
    DWORD SizeOfInitializedData;
    DWORD SizeOfUninitializedData;
    DWORD AddressOfEntryPoint;
    DWORD BaseOfCode;
    DWORD BaseOfData;

    //
    // NT 附加字段
    //

    DWORD ImageBase;
    DWORD SectionAlignment;
    DWORD FileAlignment;
    WORD MajorOperatingSystemVersion;
    WORD MinorOperatingSystemVersion;
    WORD MajorImageVersion;
    WORD MinorImageVersion;
    WORD MajorSubsystemVersion;
    WORD MinorSubsystemVersion;
    DWORD Win32VersionValue;
    DWORD SizeOfImage;
    DWORD SizeOfHeaders;
```

```
    DWORD CheckSum;
    WORD Subsystem;
    WORD DllCharacteristics;
    DWORD SizeOfStackReserve;
    DWORD SizeOfStackCommit;
    DWORD SizeOfHeapReserve;
    DWORD SizeOfHeapCommit;
    DWORD LoaderFlags;
    DWORD NumberOfRvaAndSizes;
    IMAGE_DATA_DIRECTORY DataDirectory[IMAGE_NUMBEROF_DIRECTORY_ENTRIES];

} IMAGE_OPTIONAL_HEADER32, * PIMAGE_OPTIONAL_HEADER32;
```

OptionalHeader 中包含的特殊字段 AddressOfEntryPoint 说明可执行入口点,通常将其设置为相对内存地址 0x1000,如图 4 - 3 所示。

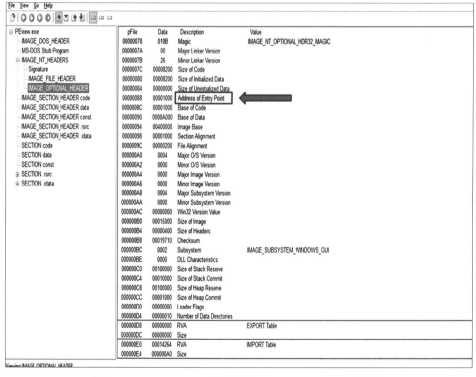

图 4 - 3　OptionalHeader 中特殊字段 AddressOfEntryPoint 的设置

数据目录

DataDirectory 结构字段包含 IMAGE_NUMBEROF_DIRECTORY_ENTRIES 条目,这些条目定义了模块的逻辑组件。相对条目的编号和定义如表4-1所示。

表4-1 条目编号和定义

编号	描述
0	导出函数
1	导入函数
2	资源
3	异常信息
4	安全信息
5	基址重定位表
6	调试信息
7	特殊结构数据
8	全局指针
9	线程本地存储
10	加载配置信息
11	绑定导入
12	导入地址表
13	延迟加载导入
14	COM 运行时描述符

导入和导出表

导入表列出了在加载时需要从其他 DLL 解析和导入的所有符号,如图 4 - 4 所示。

	pFile	Data	Description	Value
	0000FC64	000144B8	Import Name Table RVA	
	0000FC68	00000000	Time Date Stamp	
	0000FC6C	00000000	Forwarder Chain	
	0000FC70	0001466C	Name RVA	ADVAPI32.dll
	0000FC74	00014304	Import Address Table RVA	
	0000FC78	000144D8	Import Name Table RVA	
	0000FC7C	00000000	Time Date Stamp	
	0000FC80	00000000	Forwarder Chain	
	0000FC84	000146F4	Name RVA	KERNEL32.dll
	0000FC88	00014324	Import Address Table RVA	
	0000FC8C	00014530	Import Name Table RVA	
	0000FC90	00000000	Time Date Stamp	
	0000FC94	00000000	Forwarder Chain	
	0000FC98	00014874	Name RVA	USER32.dll
	0000FC9C	0001437C	Import Address Table RVA	
	0000FCA0	00014610	Import Name Table RVA	
	0000FCA4	00000000	Time Date Stamp	
	0000FCA8	00000000	Forwarder Chain	
	0000FCAC	00014BFA	Name RVA	GDI32.dll
	0000FCB0	0001445C	Import Address Table RVA	
	0000FCB4	00014648	Import Name Table RVA	
	0000FCB8	00000000	Time Date Stamp	
	0000FCBC	00000000	Forwarder Chain	
	0000FCC0	00014CCC	Name RVA	COMDLG32.dll
	0000FCC4	00014494	Import Address Table RVA	
	0000FCC8	00014654	Import Name Table RVA	
	0000FCCC	00000000	Time Date Stamp	
	0000FCD0	00000000	Forwarder Chain	
	0000FCD4	00014CFA	Name RVA	COMCTL32.dll
	0000FCD8	000144A0	Import Address Table RVA	
	0000FCDC	00014660	Import Name Table RVA	
	0000FCE0	00000000	Time Date Stamp	
	0000FCE4	00000000	Forwarder Chain	
	0000FCE8	00014D2A	Name RVA	SHELL32.dll

图 4 - 4　导入表

大多数良性软件在导入地址表中都有大量条目,因为它们具有复杂的功能并从导入地址表中导入不同的 Windows API 函数,如图 4 - 5 所示。

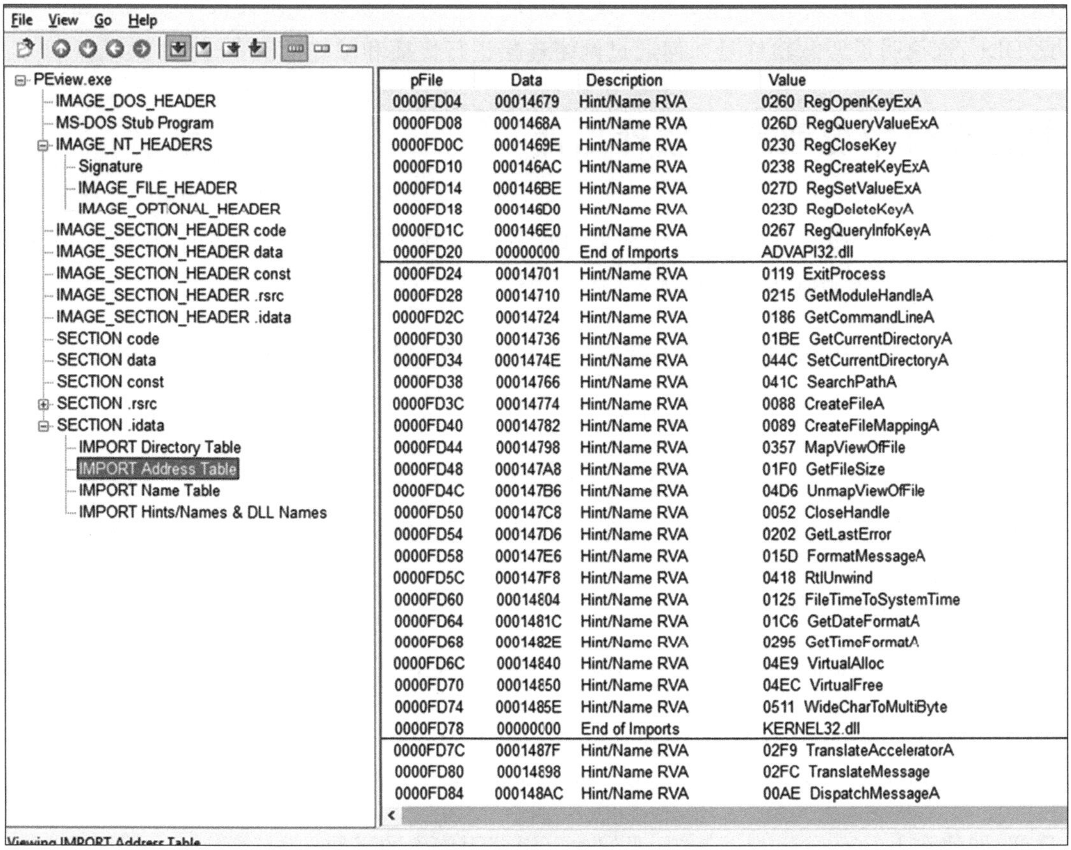

图 4-5 导入地址表

Windows 还允许程序使用 LoadLibrary 和 FreeLibrary 显式加载和卸载 DLL,以及使用 GetProcAddress(由 kernel32.dll 公开)查找符号的地址。

大多数类型的恶意软件都使用后一种方法,因此它们的导入表中的符号数量相对比良性软件要少。

导出表包含关于其他 PE 文件可以通过动态链接访问的符号的信息。导出的符号通常在 DLL 文件中找到,大多数类型的恶意软件都没有导出的符号。

大多数类型的恶意软件都使用 LoadLibrary 和 FreeLibrary 来显式加载和卸载 DLL,以隐藏其恶意目的。

但是,有一个例外值得注意:恶意软件通常会导入 `wsock32.dll`,而良性软件很少会导入此 DLL,这说明了恶意软件是如何通过网络连接进行传播和破坏的。

在数据集中提取恶意软件工件

在分析了 PE 文件格式之后,我们现在可以提取二进制文件的特征(合法的或可疑的),并将它们存储在工件数据集中来训练我们的算法。

为此,我们将开发 Python 脚本来为我们分析的每个文件自动提取 PE 文件格式字段。

我们将在脚本中使用的 Python 库是著名的 `pefile` 库,该库由 Ero Carrera 开发,可以从 https://github.com/erocarrera/pefile 获取。

下载库文件并在本地解压缩后,我们可以通过执行以下命令来继续安装:

```
python setup.py install
```

另外,如果我们按照前几章的说明在 Anaconda 中创建了一个环境,则可以使用以下命令安装 `pefile` 库(假设该环境名为 py35):

```
conda install - n py35 - c conda- forge pefile
```

这样,即使在 Jupyter Notebook 中,我们也可以调用该库的函数。

如前所述,在创建恶意软件数据集之后,我们可以继续从每个单独的文件中提取工件,并使用 `pefile` 库读取相应的 `pefile` 格式字段,如以下脚本所示:

```
import os
import pefile

suspect_pe = pefile.PE("suspect.exe")
```

这里,我们上传了本地 `susmise.exe` 文件,该文件是我们的恶意软件数据集的一部分。

至此,我们可以通过简单地解除对 `suspended_pe` 对象的引用来提取属于 `peused.exe` 文件的 PE 文件格式的各个字段。

使用以下脚本,我们将提取 PE 文件格式的主要字段,并将它们直接回调到先前定义的对象中：

```
AddressOfEntryPoint = suspect_pe.OPTIONAL_HEADER.AddressOfEntryPoint
MajorImageVersion = suspect_pe.OPTIONAL_HEADER.MajorImageVersion
NumberOfSections = suspect_pe.FILE_HEADER.NumberOfSections
SizeOfStackReserve = suspect_pe.OPTIONAL_HEADER.SizeOfStackReserve
```

然后，可以从数据集中的每个文件中提取工件，并将字段导出到.csv文件中。

因此，提取脚本的最终版本如下：

```
import os
import pefile
import glob

csv = file('MalwareArtifacts.csv','w')

files = glob.glob('c:\\MalwareSamples\\* .exe')

csv.write("AddressOfEntryPoint,MajorLinkerVersion,MajorImageVersion,
MajorOperatingSystemVersion,,DllCharacteristics,SizeOfStackReserve,
NumberOfSections,ResourceSize,\n")

for file in files:

    suspect_pe = pefile.PE(file)
    csv.write( str(suspect_pe.OPTIONAL_HEADER.AddressOfEntryPoint) + ',')
    csv.write( str(suspect_pe.OPTIONAL_HEADER.MajorLinkerVersion) + ',')
    csv.write( str(suspect_pe.OPTIONAL_HEADER.MajorImageVersion) + ',')
    csv.write( str(suspect_pe.OPTIONAL_HEADER.MajorOperatingSystemVersion) +
',')
    csv.write( str(suspect_pe.OPTIONAL_HEADER.DllCharacteristics) + ',')
    csv.write( str(suspect_pe.OPTIONAL_HEADER.SizeOfStackReserve) + ',')
    csv.write( str(suspect_pe.FILE_HEADER.NumberOfSections) + ',')
    csv.write( str(suspect_pe.OPTIONAL_HEADER.DATA_DIRECTORY[2].Size) + "\n")
csv.close()
```

我们还可以在.csv文件中提取与合法文件相关的工件，方法是将它们与恶意软件样本一起存储，以便能够通过比较两种类型的文件来进行训练。

显然，我们必须在.csv文件中添加一列，以指定该文件是否合法，并分别将该字段赋值为1（合法）或0（可疑）。

区分不同的恶意软件家族

我们已经看到了与传统恶意软件分析方法相关的优势和局限性,并且我们已经理解了为什么(鉴于恶意软件威胁的普遍性)必须引入自动化算法来检测恶意软件。

特别是,正确识别恶意软件行为的相似性变得越来越重要,这意味着,即使各个恶意软件签名相互之间不具有可比性,也必须将恶意软件样本与相同类型的类别或家族相关联。例如,多态代码的存在会相应地更改哈希校验和。

这种相似性分析可以通过**聚类算法**实现自动化。

了解聚类算法

聚类算法背后的直觉包括识别和利用表征某些类型现象的相似性。

用技术术语来说,这是在数据集中区分和识别,一些特征值会频繁变化,而另一些特征值保持系统稳定。在检测以相似性表征的现象时,仅考虑后面的这些特征。

我们可以按照以下两种方式来识别相似性:

- **监督**:基于先前分类的样本识别相似性(例如 **k 近邻**算法)。
- **无监督**:相似性由算法本身独立识别(例如 **k 均值**算法)。

通过特征与**距离**的定义相关联来估计特征之间的相似性。

如果我们将单个特征视为 n 维空间中的点(与分析特征的数量相关),则可以选择一个合适的数学准则来估计单点之间的距离(这些点分别标识一个代数向量)。

可被选择用来确定数值向量之间距离的度量如下所示:

- **欧几里得距离**:该距离可确定笛卡尔空间中连接两个点的最短路径(直线),其计算公式如下:

$$E(x,y) = \sqrt{\sum (x-y)^2}$$

- **曼哈顿距离**：该距离是由向量元素上计算出的差的绝对值之和获得的。与欧几里得距离不同，曼哈顿距离确定了连接两个点的最长路径，其公式计算如下：

$$M(x,y) = \sum |x-y|$$

- **切比雪夫距离**：该距离是通过计算向量元素之间的绝对差的最大值获得的，其计算公式如下：

$$C(x,y) = \max|x-y|$$

如果要考虑的维数特别多，则使用切比雪夫距离特别有用，尽管其中大多数维度与分析目的无关。

从距离到簇

聚类过程包括将具有某些相似性的元素分类在一起。

当使用一些距离的数学定义来定义了相似性之后，聚类过程简化为从一个给定点开始，在给定数据空间的各个维度上探索，然后将落在一定距离内的样本聚在一起。

聚类算法

不同类型的聚类算法都是可以想到的，从最简单和最直观的到最复杂和抽象的。

下面列出了一些最常用的算法：

- **k 均值**：无监督聚类算法中使用最为广泛的一种。k 均值的优势是其实现的简单性和揭示数据中隐藏模式的能力。这可以通过独立识别可能的标签来实现。
- **k 近邻**：这是懒惰学习模型的一个示例。k 近邻算法仅在评估阶段开始工作，而在训练阶段它仅局限于记忆观测数据。由于这个特性，在存在大型数据集时，k 近邻的使用效率很低。
- **带噪声的基于密度的空间聚类（Density-Based Spatial Clustering of Applications with Noise，DBSCAN）**：与基于距离的 k 均值算法不同，DBSCAN 是基于密度的算法的一个示例。因此，该算法尝试通过识别高密度区域对数据进行分类。

用轮廓系数评估聚类

聚类算法的一个常见问题是结果的评估。

在监督学习算法中,通过已知的分类标签,我们能够简单地通过计算出错误分类的样本数量并将其与正确分类的样本进行比较来评估算法所得到的结果。在使用无监督学习算法时,结果的评估则不太直观。

由于事先没有可用的分类标签,我们将必须通过分析算法本身的行为来评估结果,只有当被分类到同一个簇(cluster)中的样本实际上都是相似的时,才认为聚类是成功的。

对于基于距离的聚类算法,我们可以使用"**轮廓系数**"(**Silhouette coefficient**)指标来评估,采用以下数学公式:

$$Sc = (m-n)/\max(m,n)$$

此处,m 表示单个样本与**最近簇**中的所有其他样本之间的平均距离,而 n 表示单个样本与**同一簇**中的所有其他样本之间的平均距离。

为每个样本计算轮廓系数(因此,当处理大型数据集时,计算过程会变得特别慢),而距离的估计值由我们选择的特定度量(如欧几里得距离或曼哈顿距离)确定。

轮廓系数的主要特征如下:

• Sc 的值在 -1 和 $+1$ 之间,具体取决于聚类过程的优劣
• 在最优聚类的情况下,Sc 的值趋于 $+1$,而在非最优聚类的情况下,Sc 的值趋于 -1
• 如果 Sc 的值接近于 0,则存在相互重叠的簇

深入讨论 k 均值

现在,我们将更深入地讨论 k 均值聚类算法。

如前所述,k 均值是一种无监督算法,也就是说,它并不以与数据相关联的标签的先验知识为前提。

该算法以最终将数据分为 k 个不同的子组而得名。作为一种聚类算法,它根据所选择的度量(通常,该度量是欧几里得距离)将数据细分为不同的子组,以表示单个样本到各自的簇中心(也称为质心)的距离。

换句话说,k 均值算法将数据分组到不同的簇中,从而**最小化**由数据(被视为空间中的点)和各自质心之间计算出的欧几里得距离所表示的代价函数。

最后,该算法返回每个簇对应的分组样本,其质心构成算法识别出的一组显著特征,代表可以在数据集中识别出的不同类别。

k 均值的步骤

k 均值算法主要包括以下步骤:

1. **初始化**:这是根据分析人员定义的簇数来确定质心的阶段(通常,我们无法提前知道**真实簇数**,因此常常需要进行反复试验来确定簇数)。

2. **数据分配给簇**:在初始化阶段定义的质心基础上,根据数据与其质心之间计算出的最小欧几里得距离,将数据分配给最近的簇。

3. **质心更新**:作为一个迭代过程,k 均值算法通过估计每个簇中包含的数据的平均值,再次进行质心的估计。然后,算法进行平均值的重新分配,直到数据与各自质心之间的欧几里得距离不能再缩小,或者超过分析人员定义的迭代次数。

如前所述,要使用 scikit-learn 库附带的 k 均值算法的实现,我们必须选择一系列合适的输入参数,以定义算法迭代过程的各个阶段。

特别是,有必要确定簇数(由参数 k 表示)和质心的初始化模式。

分析人员选择的簇数会影响算法的结果:如果设置为初始化参数的簇数过多,则聚类的目的将被忽略(在极限情况下,算法行为倾向于为每个样本单独分一类)。

为此,借助数据绘图进行**数据探索性分析(EDA)**的初级阶段可能是有用的,可以直观地查看数据分布并估计可能的分组数量。

k 均值的优点和缺点

k 均值算法的优点除了使用简单之外,其高可扩展性使其在存在大型数据集的情况下更适用。

缺点本质上是由于代表簇数的参数 k 的选择不当所致,正如我们所看到的,分析人员需要特别注意参数 k 的选择,他们需要在 EDA 的基础上仔细评估这一选择,或通过反复试验来确定。

k 均值算法的另一个缺点是,在以高维表征的数据集存在时,它不能提供代表性很好的结果。

结果,被称为**维数灾难**的现象在 n 维空间中以稀疏形式发生。

这使得距离最小化的代价函数(用作簇的选择标准)不是很有代表性(实际上,在 n 维空间中数据之间的距离可能是相等的)。

利用 k 均值的恶意软件聚类

在以下示例中,我们将 k 均值聚类算法应用于我们先前创建的工件数据集。

请记住,我们的工件数据集包含从单个示例的 PE 文件格式提取的字段,包含先前存储的 .exe 文件,有合法文件和可疑文件。

因此,我们将在算法初始化阶段分配给参数 k 的值为 2,而我们将选择 MajorLinkerVersion、MajorImageVersion、MajorOperatingSystemVersion 和 DllCharacteristics 字段作为区分恶意软件的独特特征:

```
import numpy as np
import pandas as pd
import matplotlib.pyplot as plt

from sklearn.cluster import KMeans
from sklearn.metrics import silhouette_score

malware_dataset = pd.read_csv('../datasets/MalwareArtifacts.csv', delimiter=
',')
```

```
# 提取工件样本字段
# MajorLinkerVersion,MajorImageVersion,
# MajorOperatingSystemVersion,DllCharacteristics

samples = malware_dataset.iloc[:, [1,2,3,4]].values
targets = malware_dataset.iloc[:, 8].values
```

一旦从数据集中选择了感兴趣的字段,我们就可以实例化 scikit-learn 的 KMeans 类,将 k 的值作为代表簇数的输入参数传递,等于 2(n_clusters = 2),并定义算法可以执行的最大迭代次数,在我们的例子中等于 300(max_iter = 300):

```
k_means = KMeans(n_clusters= 2,max_iter= 300)
```

然后,我们可以在 k_means 对象上调用 fit()方法,从而启动迭代算法过程:

```
k_means.fit(samples)
```

我们只需要评估该算法的结果。为此,我们将使用先前介绍的轮廓系数(以欧几里得距离为度量来计算)以及结果的**混淆矩阵**。这将向我们展示一个表,其中包含相应的聚类结果,并将正确预测和不正确预测区分开来:

```
k_means = KMeans(n_clusters= 2,max_iter= 300)
k_means.fit(samples)

print("K- means labels: " + str(k_means.labels_))

print ("\nK- means Clustering Results:\n\n", pd.crosstab(targets,
k_means.labels_,rownames = ["Observed"],colnames = ["Predicted"]) )

print ("\nSilhouette coefficient: % 0.3f" % silhouette_score(samples,
k_means.labels_, metric= 'euclidean'))
```

结果如下:

```
K- means labels: [0 0 0 ... 0 1 0]
K- means Clustering Results:

Predicted        0           1
observed
0            83419       13107
1             7995       32923

Silhouette coefficient: 0.975
```

我们可以看到聚类算法能够成功地识别各个样本对应的标签,并且从混淆矩阵中可以看到,有 83 419 个样本(总共 96 526 个样本)被正确识别为可疑的(已归类到标签 0),而只有 13 107 个样本(占总数的 13.58%)被错误地认为是**合法的**。

同样,在总共 40 918 个样本中,只有 7 995 个样本(相当于总数的 19.54%)被归类为可疑样本,尽管它们是真正合法的,而正确分类为合法样本的有 32 923 个。

轮廓系数等于 0.975,非常接近于 1,反映了聚类算法获得了较优的结果。

基于决策树的恶意软件检测器

除了聚类算法之外,还可以使用分类算法来检测恶意软件威胁,尤其重要的是使用决策树对恶意软件进行分类。

我们已经在第 3 章中讨论垃圾邮件检测问题时使用了决策树。现在,我们将利用决策树所解决的分类问题来检测恶意软件威胁。

决策树的独特之处在于,这些算法通过一系列的 if-then-else 决策对学习过程进行建模,从而实现将数据分类的目的。

针对这一特性,决策树代表了一种非线性分类器,其决策边界无法简化为空间中的直线或超平面。

决策树分类策略

因此,决策树是基于树型结构的学习过程。从根节点开始,后续决策将分支到不同深度的各个分支中。

从本质上讲,基于每个节点做出的决策,通过算法以迭代方式对样本数据集进行划分,从而产生不同的分支。另一方面,分支只不过是基于不同决策节点可能做出的选择而对数据进行分类的各种方式。

这种数据集划分的迭代过程由划分质量的预定义度量来决定。衡量划分质量最常用的指标如下：

- 基尼不纯度
- 方差缩减
- 信息增益

尽管决策树具有很好的解释能力，但它也有一些重要的局限性：

- 随着考虑的特征数量的增加，表示相关决策树的结构的复杂度也随之增加，这种复杂度转化为所谓的**过拟合现象**（即算法倾向于对数据中的**噪声**而非**信号**进行建模，导致测试数据的预测不精确）
- 决策树对样本数据中哪怕很小的变化都特别敏感，从而使预测不稳定

克服这些局限性的一种方法是创建树集成，每棵树都参与**投票**。因此，样本分类的机制简化为对每棵树的票数进行计数。树集成的一个例子就是随机森林算法。

基于决策树的恶意软件检测

在之前谈到网络钓鱼检测时，我们已经使用过决策树。显然，我们也可以使用决策树来检测恶意软件。

在我们的示例中，将使用 AddressOfEntryPoint 和 DllCharacteristics 字段作为潜在的独特特征来检测可疑的 .exe 文件：

```python
import pandas as pd
import numpy as np
from sklearn import *

from sklearn.metrics import accuracy_score

malware_dataset = pd.read_csv('../datasets/MalwareArtifacts.csv',
delimiter= ',')

# 提取工件样本的" AddressOfEntryPoint"和" DllCharacteristics"字段
samples = malware_dataset.iloc[:, [0, 4]].values
targets = malware_dataset.iloc[:, 8].values

from sklearn.model_selection import train_test_split

training_samples, testing_samples, training_targets,
```

```
testing_targets = train_test_split(samples, targets,
test_size= 0.2, random_state= 0)

from sklearn import tree
tree_classifier = tree.DecisionTreeClassifier()

tree_classifier.fit(training_samples, training_targets)

predictions = tree_classifier.predict(testing_samples)

accuracy = 100.0 * accuracy_score(testing_targets, predictions)

print ("Decision Tree accuracy: " + str(accuracy))
Decision Tree accuracy: 96.25860195581312
```

从获得的结果可以看出,通过选择 AddressOfEntryPoint 和 DllCharacteristics 字段进行的预测特别有效,准确率高达 96％以上。

我们可以尝试选择不同的字段作为特征,并通过比较它们来评估得到的结果。

决策树的集合——随机森林

我们已经看到,决策树自身也有一些局限性,这可能导致不稳定的结果,即使训练数据中的变化极某微小。为了改进预测,可以使用**集成**算法,例如**随机森林**。

随机森林不过是一个决策树集合,其中每棵树都有一个投票权。因此,预测的改进取决于分配给它们的票数:获得最高票数的预测就是算法最终选择的结果。

随机森林算法的创建者 Leo Breiman 指出,如果各决策树**在统计上彼此独立**,则由决策树集合获得的整体结果将得到改进。接下来,我们将看到一个使用 scikit-learn 库实现的**随机森林恶意软件分类器**的示例。

随机森林恶意软件分类器

以下是使用 scikit-learn 库实现的随机森林恶意软件分类器的示例:

```
import pandas as pd
import numpy as np
from sklearn import *
```

```
malware_dataset = pd.read_csv('../datasets/MalwareArtifacts.csv',
delimiter= ',')

# 提取工件样本的" AddressOfEntryPoint"和" DllCharacteristics"字段

samples = malware_dataset.iloc[:, [0,4]].values
targets = malware_dataset.iloc[:, 8].values

from sklearn.model_selection import train_test_split

training_samples, testing_samples,
training_targets, testing_targets = train_test_split(samples, targets,
test_size= 0.2)

rfc = ensemble.RandomForestClassifier(n_estimators= 50)
rfc.fit(training_samples, training_targets)
accuracy = rfc.score(testing_samples, testing_targets)

print("Random Forest Classifier accuracy: " + str(accuracy* 100) )
```

从结果可以看出,随机森林分类器提高了决策树的性能。要验证这一点,只需比较各个算法的准确性即可：

```
Decision Tree accuracy: 96.25860195581312
Random Forest accuracy: 96.46142701919594
```

使用 HMM 检测变态恶意软件

到目前为止,已经展示的应用于恶意软件检测的算法示例旨在使恶意软件分析人员的一些例行工作自动化。

但是,它们所基于的分析方法本质上是静态恶意软件分析。

然而,使用这种分析方法不容易识别出许多具体的恶意软件威胁案例,因为恶意软件开发人员已经学会了如何应对基于签名的检测技术。

因此,有必要采用不同的方法来识别更高级恶意软件的恶意行为,为此,我们将不得不转向一种基于动态恶意软件分析的方法,并将其与适当的算法相结合。

要充分解决该问题,有必要详细了解基于签名的传统检测策略的局限性。

恶意软件如何规避检测？

最常用的检测策略是使用与被识别为恶意的可执行文件相关联的签名。

该策略具有毋庸置疑的优势,已被防病毒软件广泛使用。

它基于特定模式(由代表恶意可执行文件的位序列组成),对存储在系统中的每个文件执行这些模式的搜索,并对系统的资源(包括运行时内存)执行系统扫描。

模式搜索是基于数据库进行的,该数据库包含恶意文件的签名。为了能够在系统中搜索和比较文件,必须及时且不断地更新这些文件,从而防止威胁不被检测到。

基于签名的检测策略的优点如下:

- 高效识别签名数据库中已知和存在的威胁
- 误报率低,误报和漏报(false negative)是恶意软件检测软件的主要缺点

而此检测策略的局限性主要体现在基本假设上,即恶意软件一旦被识别,就不会更改其二进制表示形式,因此被认为已被相应的签名充分映射。

实际上,这些假设很快被证明是不现实的。随着时间的推移,我们已经见证了恶意软件开发人员的创造性努力,他们试图创建能够改变其形态的软件,从而针对基于签名的检测机制,同时保持其自身的进攻潜力。

恶意软件作者采用的第一个对策是混淆,从而实现对恶意软件的可执行部分进行加密,每次使用不同的加密密钥来改变防病毒软件中恶意软件有效载荷相关联的签名,而可执行指令则保持不变并在执行之前被解密。

混淆的一个更复杂的变体是多态恶意软件,它不仅不断更改恶意软件的加密密钥,而且更改恶意软件的解密指令本身。

多态恶意软件的后续发展导致了变态恶意软件,甚至在每次执行时都修改有效负载的可执行指令,而一旦对有效负载进行了解密,就可以通过扫描运行时内存来防止最先进的防病毒软件识别恶意有效负载。

为了更改有效负载可执行指令,变态恶意软件通过采用以下方法来实现**变异引擎**

（**mutation engine**）：

- 插入不会改变恶意软件逻辑和操作的附加指令（无效代码）。
- 在不改变逻辑和整体功能的情况下改变指令的顺序。该技术在生成**关于主题的多种变体**方面特别有效。
- 将某些指令替换为其他等效指令。

多态恶意软件检测策略

在恶意软件开发人员和防病毒软件开发人员之间不断上演的猫鼠游戏中，后者试图跟上前者的步伐，根据不同的多态形式调整自己的检测策略。

对于多态恶意软件，采用的策略之一包括代码仿真：在受控环境（例如沙箱）中执行恶意软件，从而允许恶意软件执行有效负载的解密，然后由防病毒软件执行传统的基于签名的检测。

对于变态恶意软件以及零日攻击，最复杂的防病毒软件执行的检测活动将尝试分析可疑文件的行为，以了解所执行指令的逻辑。

但是，此检测策略存在以下重要局限性：

- 导致误报率很高
- 对正在执行的指令进行的分析是即时的，这可能会在计算方面产生重大影响

检测变态恶意软件（以及零日攻击）的另一种策略是使用基于 HMM 的 ML 算法。

要了解它们是什么，首先必须介绍这些类型的算法。

HMM 基础

要理解什么是 HMM，就需要介绍马尔可夫过程。

马尔可夫过程（或马尔可夫链）是一种基于一组预定义的概率来改变其状态的随机模型。

马尔可夫过程的一个假设规定，**未来状态**的**概率分布**仅取决于**当前状态**。

因此，HMM 是一个**无法直接观测**系统状态的马尔可夫过程：唯一可观测到的元素是与系

统状态相关的事件和次要影响；但是，由系统的每个状态确定的事件的概率是固定的。

因此，基于由这些隐状态确定的事件，可以**间接地**对系统的每个状态进行**观测**，将概率估计与这些事件相关联，如图 4-6 所示。

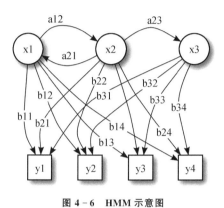

图 4-6　HMM 示意图

（**图片来源：https://en.wikipedia.org/wiki/File：HiddenMarkovModel.svg**）

为了直观地理解 HMM 的工作原理，我们给出以下示例：想象一个在主机上启动的可执行文件。在一个给定的时间，机器可以继续正常工作或停止正常工作，此行为表示可观测的事件。

为简单起见，我们假定机器停止正常工作的原因可以归结为以下两点：

- 可执行文件执行了一条**恶意**指令
- 可执行文件执行了一条**合法**指令

与机器停止正常工作的具体原因相关的信息是我们未知的实体，我们只能根据可观测到的事件来推断。

在我们的示例中，这些可观测的事件被简化为：

- 机器正常工作（工作）
- 机器停止工作（不工作）

同样，示例中的隐藏实体由程序执行的指令表示：

- **恶意**指令

• **合法指令**

最后,设想将概率估计值分配给系统的各种事件和状态。我们在表 4-3(也称为**发射矩阵,emission matrix**)中对此进行了归纳,该表总结了给定观测值与特定可观测状态相关的概率(请记住,根据可能的事件进行细分,与每个隐藏实体相关的概率之和必须为 1)。

表 4-3　发射矩阵

	工作	不工作
恶意	0.2	0.8
合法	0.4	0.6

此时,我们必须估计与程序执行的**下一条**指令相关的概率,可以归纳为**转移矩阵**(transition matrix)。

因此,如果程序先前已执行了一条恶意(而不是合法)指令,则下一条执行的指令是恶意(而非合法)的概率如表 4-4 所示。

表 4-4　恶意指令概率值

	恶意	合法
恶意	0.7	0.3
合法	0.1	0.9

最后,我们必须分配与 HMM 起始状态相关的概率;换句话说,与第一个隐状态关联的概率对应程序执行的第一条指令是**恶意的**或**合法的**概率,如表 4-5 所示。

表 4-5　分配与 HMM 起始状态相关的概率

恶意	0.1
合法	0.9

此时,HMM 的任务是根据对机器行为的观测来识别隐藏的实体(在我们的示例中,即程序

执行的指令是恶意的或合法的)。

HMM 示例

在我们的示例中,可能的观测结果如下:

```
ob_types = ('W','N')
```

在这里,W代表工作,N代表不工作,而隐状态如下:

```
states = ('L', 'M')
```

这里,M对应恶意,L对应合法。

接下来是观测序列,它与由程序执行的单条指令相关联:

```
observations = ('W','W','W','N')
```

这一系列的观测结果告诉我们,在执行了程序的前三条指令后,机器正常工作,而仅在执行了第四条指令后,机器才停止工作。

基于这一可观测事件序列,我们必须对 HMM 进行训练。为此,我们将把概率矩阵(如前所述)传递给算法,对应于起始 start 矩阵:

```
start = np.matrix('0.1 0.9')
```

transition 矩阵如下:

```
transition = np.matrix('0.7 0.3 ; 0.1 0.9')
```

emission 矩阵如下:

```
emission = np.matrix('0.2 0.8 ; 0.4 0.6')
```

以下代码使用了 Hidden Markov 库,可从 https://github.com/rahul13ramesh/hidden_markov 获得:

```
import numpy as np
from hidden_markov import hmm
```

```
ob_types = ('W','N')

states = ('L', 'M')

observations = ('W','W','W','N')

start = np.matrix('0.1 0.9')
transition = np.matrix('0.7 0.3; 0.1 0.9')
emission = np.matrix('0.2 0.8; 0.4 0.6')

_hmm = hmm(states,ob_types,start,transition,emission)

print("Forward algorithm: ")
print( _hmm.forward_algo(observations) )

print("\nViterbi algorithm: ")
print( _hmm.viterbi(observations) )
```

下面是脚本运行的结果：

```
Forward algorithm: 0.033196
Viterbi algorithm: ['M', 'M', 'M', 'M']
```

前向算法（Forward algorithm）为我们提供了 HMM 中观测序列出现的概率，而维特比算法（Viterbi algorithm）则用于找出最可能产生给定观测集的隐状态序列。

有关 Hidden Markov 库的更多信息，请参阅 http://hidden- markov.readthedocs.io/en/ Latest /上的文档。

基于深度学习的高级恶意软件检测

在本章的最后一部分，出于完整性考虑，我们将介绍一些利用基于神经网络的实验方法进行恶意软件检测的解决方案。

我们将在第 8 章中对深度学习技术进行更深入的研究（特别是当我们谈论**生成对抗网络**时）。

在这里，我们将介绍该主题以展示一种创新且非常规的方法来解决不同恶意软件家族的分类问题，该方法利用了在一个完全不同的研究领域开发的深度学习算法，例如使用**卷积神经网络**（**Convolutional Neural Network，CNN**）的图像识别。

但在此之前,让我们简要介绍一下**神经网络(NN)**及其在恶意软件检测领域的主要特性。

神经网络简介

神经网络是一类试图模仿人脑的典型学习机制的算法,人工复制由神经元构成的大脑基质。

神经网络的类型有很多,但这里我们主要关注两种类型:CNN 和**前馈网络(Feedforward Network, FFN)**,它们是 CNN 的基础。现在我们从 FFN 开始。

FFN 由至少三层神经元组成,划分如下:

1. 输入层
2. 输出层
3. 隐藏层(一个或多个)

FFN 的这种分层组织使我们有一个用于管理输入数据的第一层,以及返回输出结果的一层。

各个层中的单个神经元直接连接到相邻层,而属于同一层的神经元之间没有连接。

CNN

CNN 是一种特殊类型的 FFN,其特点是神经元层的组织遵循生物界中现有视觉器官的相同组织,即视野内神经元区域的叠加。

如前所述,在 CNN 中,每个神经元都连接到一个相邻的输入神经元区域,以便映射图像像素的相应区域。

这样,就可以通过位于相邻层上神经元之间的局部连通性方案来识别空间相关性,例如实现目标识别。

在 CNN 中,神经元的相邻区域实际上是通过模拟宽度、高度和深度的三维量来组织的,映射了图像宽度和高度的对应特征,而深度则由 RGB 通道构成。

因此,正是由于卷积层(与池化层和全连接层一起构成了这类神经网络的三个特征层),CNN 才被优化以用于图像识别。

特别地,卷积层允许我们通过卷积运算提取输入图像的相关特征,卷积运算从原始图像开始,通过突出显示最相关的特征并模糊不相关的特征来创建新图像。这样,不管它们的实际位置或方向如何,卷积层都可以发现相似的图像。

从图像到恶意软件

下面,我们将展示另一种恶意软件检测方法,它利用了 CNN 在图像识别中的典型技能。但是为了做到这一点,首先必须要给 CNN 提供以图像形式表示的恶意软件的可执行代码。

Abien Fred M.Agarap 在其论文《构建智能反恶意软件系统:使用支持向量机(SVM)进行恶意软件分类的深度学习方法》[*Towards Building an Intelligent Anti-Malware System*:*A Deep Learning Approach using Support Vector Machine*(*SVM*)*for Malware Classfication*]中对该方法进行了描述,该方法将每种可执行恶意软件均视为由 0 和 1 组成的二进制序列,然后将其转换为灰度图像,如图 4 - 7 所示。

以这种方式,就有可能基于代表恶意软件的图像中存在的布局和纹理的相似性来识别恶意软件家族。

为了进行图像分类,使用 k-NN 聚类算法,以欧几里得距离作为代表距离的度量。

获得的实验结果显示分类正确率为 99.29%,并且计算量大大减少。

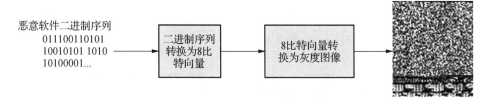

图 4 - 7 使用支持向量机(SVM)进行恶意软件分类的深度学习方法

图片来源:Abien Fred M. Agarap 的论文《构建智能反恶意软件系统:使用支持向量机(SVM)进行恶意软件分类的深度学习方法》

为什么要使用图像进行恶意软件检测？

将恶意软件表示为图像的优点如下：

- 能够识别恶意软件代码的特定部分，例如恶意软件开发人员为了创建原始代码的不同变体而修改的部分。

- 通过图像，可以识别出代码中的细微改动，同时保留恶意软件图像的整体结构。

- 这些特性使得根据代表恶意软件的各个图像的相似性，可以轻松识别属于同一家族的恶意软件的不同变体。这是因为不同类型的图像对应于不同的恶意软件家族。

使用 CNN 从图像中检测恶意软件

根据先前描述的原始论文，开发了一种利用 CNN 来识别和分类代表恶意软件代码的图像的工具。

可以通过执行以下命令从 GitHub 仓库下载该工具：

```
git clone https://github.com/AFAgarap/malware- classification.git/
```

归档文件内部还有一个包含恶意软件代码图像的数据集（`malimg.npz`）。要将恶意软件代码转换为灰度图像，还可以使用 Chiheb Chebbi 开发的 Python 脚本，该脚本可从 https://github.com /PacktPublishing/Mastering- Machine- Learning- for- Penetration- Testing/ blob/master/Chapter04/MalwareConvert.py 获得。

我们展示了该工具的一些用法示例，如下所示：

```
Usage: main.py [- h] - m MODEL - d DATASET - n NUM_EPOCHS - c PENALTY_PARAMETER - k CHECKPOINT_PATH - l LOG_PATH - r RESULT_PATH
```

如果要使用 CNN—SVM 模型，请将- model 参数设置为 1，如以下示例所示：

```
main.py - model 1 - dataset ./dataset/malimg.npz - num_epochs 100 - penalty_parameter 10 - c ./checkpoint/ - l ./logs/ - r ./results/
```

小结

本章我们讨论了利用各种 AI 算法实现恶意软件威胁检测的不同策略。

我们了解了恶意软件如何利用多态性等高级技术来欺骗分析人员,迫使我们采用基于算法的检测工具。

因此,我们介绍了聚类和分类算法,以及更高级的基于 HMM 和 CNN 的算法来应对这类高级威胁。

下一章我们将介绍利用人工智能的网络异常检测技术。

5

利用 AI 的网络异常检测

当前,可以在不同设备之间建立的互连水平[例如,**物联网**(Internet of Things,IoT)]已经达到了如此复杂的程度,以至于传统概念(例如边界安全)的有效性被严重质疑。事实上,网络空间的攻击面呈指数级增长,因此有必要借助自动化工具来有效检测与前所未有的网络安全威胁相关的网络异常。

本章将涵盖以下主题:

- 网络异常检测技术
- 如何对网络攻击进行分类
- 检测僵尸网络拓扑
- 用于僵尸网络检测的不同**机器学习**(ML)算法

在本章中,我们将专注于与网络安全相关的异常检测,将欺诈检测和用户异常行为检测方面的讨论推迟到下一章。

网络异常检测技术

到目前为止,我们所了解的技术主要用于管理异常检测以及公司网络的未授权访问等。为了充分了解异常检测技术的潜力,我们将追溯其在网络安全领域的发展,阐明其独特的基本原理。

实际上,异常检测一直是网络安全的一个研究领域,特别是在网络安全保护领域。然而,异常检测不仅限于识别和防止网络攻击,还可用于其他领域,例如欺诈检测和识别用户配置文件可能受到的危害。

异常检测原理

尤其是在网络入侵检测领域,主要采用以下两种不同的方法:

- 基于签名的检测
- 异常检测

在第一种情况下,我们从分析已知的攻击开始,建立先前检测到的攻击的签名的知识库。这将与警报系统结合使用,以便在网络流量中检测到具有已归档签名的通信时启动警报系统。基于签名的检测系统与各种防病毒软件有着明显的相似之处,其缺点也同样明显,因此必须不断更新签名知识库以检测新型攻击。

另一方面,在异常检测的情况下,尝试识别可以定义为**正常**的网络流量行为,以便将偏离正常的行为差异检测为**异常**。因此,这种方法可以通过分析异常的网络流量特征来检测新型攻击。

因此,有必要确定是什么构成了网络流量方面的**异常行为**。

为了检测异常流量,可以考虑以下元素:

- 与特定主机之间的连接数
- 不寻常的远程通信端口或意外的流量模式
- 在一天的特定时间出现不寻常的流量高峰(例如,夜间发生的流量)
- 网络中特定主机大量占用通信带宽

根据先前对正常网络流量进行的分析,所有这些事件都可被视为可疑事件。这种比较的基础是,可以定义适当的过滤器并将它们与报警信号(警报)关联,一旦触发,甚至可以切断相应网络流量。

显然,还必须考虑与可疑行为无关的网络流量中的新变化。例如,如果添加了以前不存在的新通信通道,则必须考虑此更改并将其视为正常的。

因此,正如我们将看到的,异常检测的敏感方面之一是真阳性和假阳性之间的区别。

入侵检测系统

传统上,入侵检测活动是通过引入专用设备[称为**入侵检测系统**(Intrusion Detection System,IDS)]进行管理的。这些设备通常分为以下两类:

- 基于主机的 IDS
- 基于网络的 IDS

随着**人工智能(AI)**技术在网络安全领域中的引入,第三种类型的 IDS 也已经出现:异常驱动的 IDS。

为了充分了解异常驱动的 IDS 的区别和优势,有必要简要描述两种传统类型的 IDS。

主机入侵检测系统

主机入侵检测系统(Host Intrusion Detection System,HIDS)的任务是检测可能影响组织内部主机的入侵,特别是关键主机。为此,HIDS 监视一些系统指标,这些指标对于识别可能的攻击非常重要,例如与以下系统指标相关联的系统信息:

- 运行进程的数量和类型
- 用户账户的数量、类型和创建
- 内核模块加载(包括设备驱动程序)
- 文件和目录活动
- 任务调度程序活动
- 注册表项修改
- 后台进程(守护进程和服务)
- 启动时加载的**操作系统(OS)**模块
- 主机网络活动

通常,要监控的系统指标的标识严格依赖于所采用的威胁模型,为了收集要监控的信息,可以使用主机操作系统附带的工具或者安装专用的系统监控工具。

网络入侵检测系统

网络入侵检测系统(Network Intrusion Detection System, NIDS)的典型任务是通过分析网络流量来识别可能的攻击模式,也就是说,通过处理传输中的网络数据包(包括传入和传出的),并检测数据流中已知的攻击模式。

NIDS 通常检测到的一些网络攻击如下:

- 广告软件[导致从远程主机下载未经请求的恶意**广告**(AD)]
- 间谍软件(向远程主机传输敏感信息)
- **高级持续性威胁(APT)**(以 APT 为目标的攻击,利用特定的组织缺陷或错误配置的服务)
- 僵尸网络[一种典型的**命令和控制(C2)**攻击,通过将主机转换为僵尸机器,执行远程指令来利用组织的网络资源]

NIDS 的实施可以利用包括嗅探器(例如 tcpdump 和 Wireshark)在内的网络诊断工具。

NIDS 还可以部署集成软件解决方案,例如 Snort,它是实时检测可能的网络入侵的有效解决方案。

这有助于定义临时规则,在此基础上可以在正常网络流量和恶意网络流量之间进行比较,从而在识别出攻击后激活执行适当操作的触发器。

通常,这些触发器与给定阈值相关,该阈值是一个可以可靠地将事件分隔开的预定义值。显然,问题是如何恰当地确定该阈值以及该值是否可以在不同的上下文中有效使用。同样,攻击者可以尝试修改此阈值,或者发现该值实际被设置为什么,尝试采用一种隐蔽访问模式(通过使其活动始终保持在阈值以下),并使自己对 IDS 不可见。

因此,最好是通过系统地重新计算随时间变化的阈值来采用动态阈值(而不是依赖于硬编码的值)。这些改进可通过使用统计指标[例如,按时间序列(移动平均值)计算],或通过重新拟订对数据分布进行的统计测量来获得[例如,采用诸如中位数或**四分间距**(Interquartile Range, IQR)等位置测量]来获得。

尽管有用,但是这种用于确定触发阈值的统计方法在最复杂的入侵检测情况下不可避免地是无效的,这需要考虑各种变量之间可能存在的相关性。

换句话说,由于这些异常由彼此相关的不同特征表示,因此在某些情况下,要同时触发的阈值可能不止一个。

考虑到网络数据流特征的复杂性,因此有必要引入**状态检测(Stateful inspection)**(也称为**数据包过滤**),使其与常见的网络监控(旨在从不同类型的数据包中提取信息)分开。

通过跟踪正在传输和接收的各种数据包,状态检测的特点在于能够关联不同类型的数据包以识别对某些网络服务的连接尝试、使网络资源饱和的尝试[**拒绝服务(DoS)**]或在较低网络协议层进行的攻击(例如 ARP 缓存中毒)。

鉴于其先进的网络分析特性,状态检查可以与更复杂的异常检测形式相关联。

异常驱动的 IDS

随着 AI 技术在 NIDS 领域的引入,利用监督和无监督学习算法以及强化学习和深度学习,现在有可能将传统 IDS 发展为更先进的检测解决方案。

类似地,前几章中分析的聚类技术利用了数据类别之间的相似性概念,可以有效地用于实现基于异常的 IDS。

但是,在选择异常检测网络的算法时,必须考虑网络环境的某些特性:

- 在基于监督学习算法的解决方案中,我们必须对所有数据进行分类(标记),因为根据定义,在监督学习中,样本数据所属的类是事先已知的。
- 对所有数据的分类不可避免地会导致计算过载,并可能导致网络性能降低,因为必须先分析网络流量,再将其发送到目的地。从这个意义上讲,我们可以决定采用无监督学习算法,不仅可以让算法识别未知类,而且可以减少计算开销。

同样,利用相似性概念的算法(例如聚类算法)也非常适合异常检测解决方案的实现。但是,在这种情况下,还需要特别注意用于定义相似性概念的度量类型,该相似性概念要能将正常流量与被认为是异常的流量区分开。

通常,在实现异常检测解决方案时,使用评分系统评估流量:确定将不同类型的流量彼此分离(正常与异常)的阈值。为此,在选择最合适的指标时,我们必须考虑数据的排序和分布。

换句话说,异常检测系统可以使用数据集的值之间存在的距离(被视为代表不同特征的 n

维空间的点)作为评分指标,或根据代表所调查现象的分布,评估数据分布的规律性。

将服务日志转换为数据集

与网络异常检测有关的问题之一是如何收集足够可靠的数据来进行算法分析和训练。互联网上有数百个免费的数据集,并且有不同的数据集可用于进行我们的分析。但是,也可以使用我们自己的网络设备来积累更能代表我们的特定现实的数据。

为此,我们可以使用:

- 网络设备,例如路由器或网络传感器,使用诸如 `tcpdump` 之类的工具进行数据收集
- 服务日志和系统日志

在操作系统内,服务日志和系统日志可以存储在不同位置。在类 Unix 系统中,服务日志通常作为文本文件存储在 `/var /log` 目录及其相关子目录中。在 Windows 操作系统中,Windows 日志(包括安全日志和系统日志)和应用程序日志是有区别的。可通过 Windows Event Viewer 应用程序或访问文件系统位置(例如 `％SystemRoot％\System32 \Config`)来访问它们。

在类 Unix 系统和 Windows 操作系统中,日志文件均是根据预定义模板采用基于文本的格式,不同之处在于,在 Windows 中,事件 ID 还与记录在相应日志文件中的每个事件相关联。日志文件的文本性质非常适合集成日志中存储的信息。

将网络数据与服务日志集成的优点

这两种数据源,即网络数据和服务日志,对于网络异常检测而言有利有弊。

然而,它们的集成使得有可能扬长避短。

近年来,已经发布了一些软件解决方案(包括专有的和开源的)来解决集成不同数据源的任务,从而使用户能够利用来自数据科学和大数据分析的方法,这并非巧合。

在使用最广泛的解决方案中,涉及 **ElasticSearch**、**Logstash**、**Kibana(ELK)** 套件,它允许对从日志文件中提取的事件进行索引,并以直观的视觉形式表示。

其他广泛使用的专有网络解决方案基于 Cisco 的 NetFlow 协议,该协议允许网络流量的紧凑表示。

从原始数据开始重建感兴趣的事件并非易事。此外,如果以自动化的方式执行,则这本身会导致生成不可靠的信号(误报),这些信号代表安全管理中的问题。

此外,对于网络数据,它们代表它们所引用的各个服务,而对于服务日志,它们与生成它们的进程直接相关。

因此,两个数据源(网络数据和服务日志)的集成允许对要分析的事件进行上下文关联,从而提高上下文感知能力,并减少从原始数据开始解释事件所需的工作量。

如何对网络攻击进行分类

我们已经看到,可以使用所有不同类型的算法(例如,监督学习、无监督学习和强化学习),甚至在网络异常检测系统的实现中也是如此。

但是,我们如何有效地训练这些算法以识别异常流量呢?

首先必须确定一个训练数据集,该数据集代表给定组织中被视为正常的流量。

为此,我们必须为模型选择适当的代表性特征。

特征的选择尤为重要,因为它们为分析的数据提供了上下文价值,从而决定了我们检测系统的可靠性和准确性。

实际上,选择了与可能的异常行为非高度相关的特征会导致较高的错误率(误报),从而抹杀它们的有效性。

选择可靠特征的一个解决方案是评估网络协议使用中存在的异常情况。

攻击(例如 SYN 泛洪)的特征是 TCP/IP 握手(在握手中,设置了 SYN 标志的数据包后面没有设置了 ACK 标志的数据包,以建立有效的连接)的异常使用。

可以使用与网络包的协议或报头相关的一个或多个属性作为特征,就像不同类型的网络属性构成了要分析的特定网络连接所代表的特征一样(即 telnet 会话的特点在于与远程端口 23 的连接,该连接在具有各自 IP 地址和 IP 端口的两个端点之间进行)。

常见的网络攻击

鉴于我们可以通过组合不同的特征来识别攻击,因此我们必须建立一种反映给定组织所承受的风险级别的威胁模型,并在此模型的基础上确定可能攻击的最具代表性的特征组合。

从这个意义上讲,分析哪些是最常见的网络攻击类型是很有用的:

- 基于恶意软件
- 零日漏洞利用
- 通过网络嗅探泄露数据
- 网络资源饱和(DoS)
- 会话劫持
- 连接欺骗
- 端口扫描

基于类似的分类(适应特定的环境并不断更新),我们可以确定要考虑的特征,为我们的算法提供更具代表性的数据集。

异常检测策略

我们已经看到异常检测的概念指的是与预期不同的行为,用技术术语说,这种差异就是异常值(outlier)检测。

为了识别异常值,可以采取不同的策略:

- **分析时间序列中的一系列事件**:定期收集数据,评估随着时间的推移序列中发生的变化。这是一种广泛应用于金融市场分析的技术,但也可以有效地应用于网络安全环境中,以检测用户在远程会话中输入字符(或命令)的频率。即使是每单位时间输入数据频率的简单非自然增长都表明存在异常,该异常可以追溯到远程端点中存在自动化代理(而不是人类用户)。

- **使用监督学习算法**：这种方法在可以可靠地区分正常行为和异常行为时才有意义，例如对于信用卡欺诈，基于未来的欺诈企图归因于预定义的方案这一事实，可以检测预定义的可疑行为模式。
- **使用无监督学习算法**：在此情况下，由于无法确定一个可靠且有代表性的监督学习训练数据集，因此无法将异常追溯到预定义的行为。这种情况是最符合网络安全现实的一种情况，其特征是采用新的攻击形式或利用新漏洞（零日攻击）。同样，通常很难将所有理论上可能的入侵追溯到单个预定义的方案。

异常检测的假设和挑战

从方法论的角度来看，毫无疑问，异常值代表了学习算法的一个问题，因为它们从训练数据开始就构成了描绘性模型的一个干扰元素。

处理异常值时，算法应如何表现？它应该考虑模型的决定，还是应该将其视为估计误差而丢弃？或者，这些异常值是否代表了数据集中的新变化，从而证明了是所观察现象的真实变化？要回答这些问题，我们需要调查异常值的最可能来源。

在某些情况下，异常值是不常见值的组合，它们是估计误差，或者源自具有不同语义的多个数据集的结合，从而产生了不可靠或极不可能的样本。但是，它们的存在代表了一个干扰元素，尤其是对于基于估计期望值和观测值之间距离的度量的算法。用技术术语来说，这意味着总体方差的增加，可能导致算法过高估计误差，从而损害信号（一种众所周知的现象，即过拟合）。

显然，并非所有算法都对异常值敏感。不过，尝试使学习过程鲁棒，平滑参数更新阶段，并对那些异常值进行加权是一个很好的做法，即使这些异常值的数值比正常值低，也可能影响正确的参数估计。

为了确定数据集中可能存在异常值，好的做法是使用可视化工具并计算简单的描述性统计测量值（例如平均值或中位数）对数据进行初步分析，称为**探索性数据分析（EDA）**。

这样，除了验证数据中的任何不对称性之外，还可以直观地发现异常值的存在，表现为数据分布中平均值和中值之间距离的增加。

有些统计测量值对极值的存在不太敏感。实际上,对于分布中出现异常值(例如 IQR)来说,旨在表示数据顺序的措施的鲁棒性更强。

因此,异常值检测的基本假设之一是,相对于异常观测值,数据集中有更多的正常观测值。但是,通常很难正确识别异常值。

从这个意义上讲,如果我们决定使用统计测量值来确定异常值的存在,则可以执行以下步骤:

1. 计算要用作比较项的代表数据的统计值,以确定异常值(即与代表值相差最大的值)。

2. 确定用于异常检测的参考模型,该模型可以基于距离测量值或者假定一个已知的**统计分布**(即正态分布)来代表正常值。

3. 给定一个选定的分布,定义一个置信区间并评估异常值存在的概率(可能性)。

识别异常值的统计方法虽然简单且可立即应用,但仍存在重要的方法限制:

• 大多数统计测试仅考虑单个特征。

• 通常,数据的基础分布是未知的,或者不属于已知的统计分布。

• 在复杂和多维情况下(必须同时考虑多个特征),异常值的存在决定了总方差的增加,从而使所确定的代表性模型在预测方面不那么重要。

检测僵尸网络拓扑

网络异常检测中最常见的陷阱之一与公司网络内僵尸网络的检测有关。考虑到这种隐蔽网络的危险性,僵尸网络的检测尤其重要,不仅可以防止外部攻击者耗尽组织的计算和网络资源,还可以防止敏感信息向外扩散(数据泄漏)。

然而,及时识别僵尸网络的存在通常不是一项简单的操作。这就是为什么了解僵尸网络的本质很重要的原因。

什么是僵尸网络？

botnet(僵尸网络)一词由 bot 和 net 这两个词并置而来。就 net 一词而言,我们显然必须处理联网的概念,而对于 bot 一词,我们必须多说几句。

实际上,bot 这个词越来越多地与自动化代理在网络空间中的传播联系在一起。

从**聊天机器人**(通常出现在网站上用于管理客户服务初期阶段的软件代理,但也越来越流行,甚至在社交网络上用于其他目的)到巨魔(旨在通过传播虚假信息来分散用户的注意力或迷惑用户的软件代理),网络空间正日益受到这种软件代理的侵扰,这些软件代理可以自动执行人类和数字设备之间的活动和交互。

就僵尸网络而言,攻击者的意图是通过一个通常由集中式服务器管理的 C2 控制台将受害主机(通过安装恶意软件)转变为自动代理,以执行攻击者发送的命令。

因此,受害机器成为一个庞大的受感染机器网络(僵尸网络)的一部分,用其自身的计算和网络资源为实现一个共同目标做出贡献:

- 参与发送垃圾邮件活动
- 对机构或私人第三方站点实施**分布式拒绝服务(DDoS)**
- 比特币和加密货币挖掘
- 密码破解
- 信用卡破解
- 数据丢失和数据泄露

对于一个组织而言,遭受僵尸网络攻击(即使是不自觉地)对于第三方承担的法律责任构成了严重的风险,这不仅仅是对公司资源的浪费。

这就是为什么通过尝试迅速识别可能是僵尸网络一部分的主机来监控公司网络非常重要的原因。

僵尸网络攻击链

为了迅速识别可能存在的僵尸网络,考虑其攻击链(表征其实现的不同阶段)可能很有用。

因此,我们可以区分以下几个阶段:

- 恶意软件安装
- 通过 C2 加入僵尸网络
- 将僵尸网络传播到其他主机

在持续监控僵尸网络的可能存在的事件中,应包括定期与远程主机建立的连接。与其监控流量本身的质量(实际上,僵尸网络经常利用明显无害的通信协议,例如 HTTP 流量,使用服务的默认端口 80 来掩盖其在日志文件中的存在),不如调查网络连接的真实性质。

在僵尸网络中,受害主机必须不断地和远程控制主机进行联系,以接收新的指令,并将收集到的信息以及从受害系统上执行进程中获得的结果发送到 C2 服务器。

这种现象被称为**信标**(**beaconing**),其确切特征是网络中存在受感染主机与远程目标(也可能是被攻击者破坏的合法网站)之间定期(甚至在关闭时间内)建立的连接。

信标现象通常具有以下特征:

- 长期用户会话,交换保持连接打开所需的空包[保活(keepalive)数据包]
- 主机之间定期进行数据交换

信标的问题在于无法始终可靠地识别它,因此它们构成了僵尸网络存在的征兆,因为其他合法服务也表现出与前面提到的类似的特征。为了捕获可证明真实信标过程存在的可靠信号(将其与无害 SSH 或 telnet 会话以及由防病毒软件执行的系统更新下载区分开来),需要进行深入的网络流量监控,以及时间序列的统计分析并计算位置测量值(例如中位数和 IQR),以便发现定期发生的通信。

随后,有必要以图形方式可视化呈现这些连接的本地和远程主机的映射,以便识别具有稳定特征的可能网络拓扑,从而合理地提出对僵尸网络存在的怀疑。

从这个必要的初步分析活动的描述中,很容易推断出被误报网络(而不是真正的僵尸网络)

困住的风险有多高,尤其是在不断连接到网络的潜在设备的数量呈指数增长的情况下(由于物联网的普及,这种场景逐渐变得比以往任何时候都更加现实)。

僵尸网络检测的不同 ML 算法

根据到目前为止的描述,很明显不建议仅依靠自动化工具来进行网络异常检测,采用能够动态学习如何识别任何网络流量中存在的异常的 AI 算法可能会更有成效,从而使分析人员仅对真正可疑的样本执行深入分析。现在,我们将演示如何使用不同的 ML 算法进行网络异常检测,这些算法也可以用于识别僵尸网络。

在我们的示例中,所选特征包括网络延迟和网络吞吐量的值。在我们的威胁模型中,与这些特征关联的异常值可以被视为代表僵尸网络的存在。

对于每个示例,计算算法的准确性,以便在获得的结果之间进行比较:

```
import numpy as np
import pandas as pd

from sklearn.linear_model import *
from sklearn.tree import *
from sklearn.naive_bayes import *
from sklearn.neighbors import *
from sklearn.metrics import accuracy_score

from sklearn.model_selection import train_test_split

import matplotlib.pyplot as plt
% matplotlib inline

# 加载数据
dataset = pd.read_csv('../datasets/network- logs.csv')

samples = dataset.iloc[:, [1, 2]].values
targets = dataset['ANOMALY'].values

training_samples, testing_samples, training_targets, testing_targets =
train_test_split(samples, targets, test_size= 0.3, random_state= 0)

# k 近邻模型
knc = KNeighborsClassifier(n_neighbors= 2)
knc.fit(training_samples,training_targets)
```

```
knc_prediction = knc.predict(testing_samples)
knc_accuracy = 100.0 * accuracy_score(testing_targets, knc_prediction)
print ("K- Nearest Neighbours accuracy: " + str(knc_accuracy))
K- Nearest Neighbours accuracy: 95.90163934426229

# 决策树模型
dtc = DecisionTreeClassifier(random_state= 0)
dtc.fit(training_samples,training_targets)
dtc_prediction = dtc.predict(testing_samples)
dtc_accuracy = 100.0 * accuracy_score(testing_targets, dtc_prediction)
print ("Decision Tree accuracy: " + str(dtc_accuracy))

Decision Tree accuracy: 96.72131147540983

# 高斯朴素贝叶斯模型
gnb = GaussianNB()
gnb.fit(training_samples,training_targets)
gnb_prediction = gnb.predict(testing_samples)
gnb_accuracy = 100.0 * accuracy_score(testing_targets, gnb_prediction)
print ("Gaussian Naive Bayes accuracy: " + str(gnb_accuracy))

Gaussian Naive Bayes accuracy: 98.36065573770492
```

高斯异常检测

检测数据分布规律性的最广泛的方法之一是利用高斯概率分布。

正如我们将看到的,这种统计分布呈现出一系列有趣的特性,有助于对许多自然、社会和经济现象建模。

显然,并非所有正在研究的现象都可以用高斯分布来表示(正如我们所看到的那样,被分析现象的潜在分布通常是未知的),但是在许多异常检测情况下,它是一个可靠的参考点。

因此,我们必须了解高斯分布的特性,从而理解为什么它经常被使用。

高斯分布

用数学术语来说,高斯分布(也称为**正态分布**)表示随机变量的概率分布,其数学形式如下:

$$f(x\mid\mu,\sigma^2)=\frac{1}{\sqrt{2\pi\sigma^2}}e^{-\frac{(x-\mu)^2}{2\sigma^2}}$$

此处,μ 代表均值,σ^2 代表方差(代表平均值附近数据的变异性)。在其标准形式中,均值 μ 的值为 0,而 σ^2 的值为 1。

高斯分布的强度是中心极限定理,一般而言,它证明了独立提取的随机变量的观测数据的平均值随观测次数的增加收敛于正态值。

换句话说,随着观测次数的增加,观测值围绕均值 μ 对称分布(且概率更大),如图 5-1 所示。

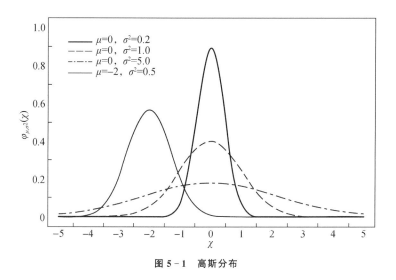

图 5-1 高斯分布

当分布的方差增大时,观测值更加容易偏离均值,分布向左右两端扩展,因此正态分布由 μ 和 σ 的值来充分表示。

同样,可以确定观测值围绕均值分布的概率,其与方差大小成正比,换句话说,我们可以确定以下内容:

• 68%的观测值位于 $\mu-\sigma$ 和 $\mu+\sigma$ 之间
• 95%的观测值在 $\mu-2\sigma$ 和 $\mu+2\sigma$ 之间
• 99.7%的观测值在 $\mu-3\sigma$ 和 $\mu+3\sigma$ 之间

使用高斯分布的异常检测

高斯分布可用于识别离群点。此外,在这种情况下,由离群点假定的异常元素相对于其余数据会存在显著差异。

显然,多数数据越是紧密地集中在均值 μ 附近且方差 σ 越小,则离群点所假定的异常值就越显著。

要在异常检测中使用高斯分布,我们必须执行以下步骤:

1. 假设训练集的特征是正态分布的(这也可以通过对绘制的数据的可视化分析来直观地验证)
2. 估计代表分布的 μ 值和 σ 值
3. 选择一个适当的阈值,代表观测值异常的可能性
4. 评估算法的可靠性

在下面的示例中,我们将展示高斯异常检测的实现。

高斯异常检测示例

首先,让我们导入必要的 Python 库,然后从一个 .csv 文件中加载数据,该文件表示我们检测到的每个数据流的延迟和网络吞吐量值:

```
import numpy as np
import pandas as pd
import matplotlib.pyplot as plt
% matplotlib inline

dataset = pd.read_csv('../datasets/network- logs.csv')
```

将数据加载到内存中后,验证样本的分布是否像高斯分布,并以直方图的形式显示相应的值:

```
hist_dist = dataset[['LATENCY', 'THROUGHPUT']].hist(grid= False, figsize= (10,4))
```

前面的代码生成如图 5-2 所示的输出。

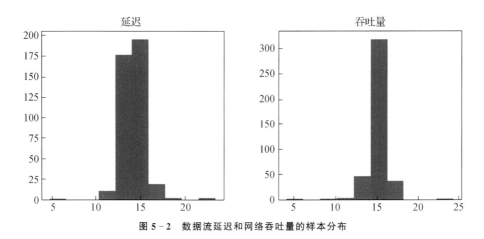

图 5 - 2　数据流延迟和网络吞吐量的样本分布

此时,我们将数据绘制在散点图上,以可视化方式识别可能的离群点:

```
data = dataset[['LATENCY', 'THROUGHPUT']].values
plt.scatter(data[:, 0], data[:, 1], alpha= 0.6)
plt.xlabel('LATENCY')
plt.ylabel('THROUGHPUT')
plt.title('DATA FLOW')
plt.show()
```

前面的代码生成如图 5 - 3 所示的输出。

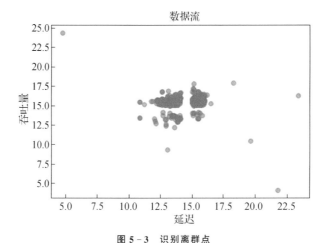

图 5 - 3　识别离群点

从视觉上也可以看到,除某些特例外,大多数观测值集中在平均值附近。因此,我们要验证这些异常情况是否是真实的,然后估计潜在高斯分布的代表值 μ 和 σ:

```
"""
Anomaly Detection Module
Thanks to Oleksii Trekhleb:
https://github.com/trekhleb/homemade- machine- learning/blob/master/homemade/
anomaly_detection/gaussian_anomaly_detection.py
"""
from gaussian_anomaly_detection import GaussianAnomalyDetection

gaussian_anomaly_detection = GaussianAnomalyDetection(data)

print('mu param estimation: ')
print(gaussian_anomaly_detection.mu_param)

print('\n')

print('sigma squared estimation: ')
print(gaussian_anomaly_detection.sigma_squared)
mu param estimation:
[14.42070163 15.39209133]

sigma squared estimation:
[2.09674794 1.37224807]
```

然后,继续估计概率和阈值,那么可以将其进行比较以识别异常数据:

```
targets = dataset['ANOMALY'].values.reshape((data.shape[0], 1))
probs = gaussian_anomaly_detection.multivariate_gaussian(data)

(threshold, F1, precision_, recall_, f1_) =
gaussian_anomaly_detection.select_threshold(targets, probs)

print('\n')

print('threshold estimation: ')
print(threshold)

threshold estimation:
0.00027176836728971885
```

这样,我们可以通过将样本的各个概率与先前估计的最优阈值进行比较来识别离群点,并在散点图中可视化它们的存在:

```
outliers = np.where(probs < threshold)[0]
plt.scatter(data[:, 0], data[:, 1], alpha= 0.6, label= 'Dataset')
```

```
plt.xlabel('LATENCY')
plt.ylabel('THROUGHPUT')
plt.title('DATA FLOW')

plt.scatter(data[outliers, 0], data[outliers, 1], alpha= 0.6, c= 'red',
label= 'Outliers')

plt.legend()
plt.plot()
```

前面的代码生成如图 5-4 所示的输出。

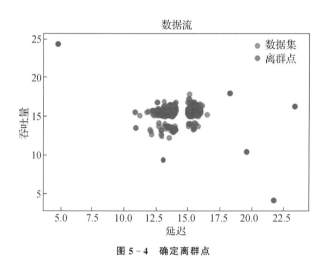

图 5-4　确定离群点

现在是时候对该算法所作的估计进行一些评估了。但是首先,我们必须介绍一些与异常检测中的虚警(false alarm)有关的概念。

异常检测中的虚警管理

先前我们已经看到异常检测是如何引起相当一致的估计误差的。特别是在基于签名的 IDS 的情况下,错误的风险来自大量的漏报(也称假阴性),即未被检测到的攻击。

这是我们在使用防病毒软件时所产生的相同类型的风险。当未发现带有可疑签名的通信时,IDS 不会检测到任何异常。

另一方面,在异常驱动的 IDS(其被编程用来自动检测异常)中,我们面临着误报率很高的风险；也就是说，尽管是无害的，但异常仍会被检测到。

为了充分管理这些错误警报，我们需要引入一些指标以帮助我们估计这些错误。

第一个是真阳性率（True Positive Rate）[也称为灵敏度（Sensitivity）或召回率（Recall Rate）]：

```
Sensitivity or True Positive Rate (TPR) = True Positive / (True Positive + False
Negative);
```

第二是个误报率（False Positive Rate）：

```
False Positive Rate (FPR) = False Positive / (False Positive + True Negative);
Precision = True Positive / (True Positive + False Positive);
```

根据这些度量，可以估计 F1 值，该值表示 Precision 和 Sensitivity 之间的谐波均值：

```
F1 = 2 * Precision * Sensitivity / (Precision + Sensitivity);
```

F1 可用于评估高斯异常检测的结果。最佳估计是 F1 值接近 1 时得到的，而最差估计则是 F1 值接近 0 时得到的。

在我们的高斯异常检测示例中，F1 的值如下：

```
print('F1 score: ')
print(F1)

F1 score:
0.6666666666666666
```

该 F1 值非常接近 1，这并不令我们感到惊讶，因为在选择最佳阈值时，我们的高斯异常检测模型会选择与最高 F1 分数相对应的值。

受试者工作特征(ROC)分析

通常，在误报（假阳性）和漏报（假阴性）之间需要权衡取舍。减少假阴性或未检测到的攻击次数会导致检测到的假阳性攻击次数增加。为了显示这种权衡的存在，使用了一条特定的曲线，称为**受试者工作特征(Receiver Operating Characteristic，ROC)**曲线。在我们的示例中，ROC 曲线是使用 scikit-learn 的 roc_curve()计算的，将目标值和相应的概率作为参数传递给 roc_curve()：

```
from sklearn.metrics import roc_curve
FPR, TPR, OPC =  roc_curve(targets, probs)
```

需要注意**真阳性率**(TPR 或灵敏度)、**误报率**(FPR)和 ROC 曲线之间的联系(OPC 值代表一个控制系数，称为**工作特性**，例如网络连接总数)。

因此，我们可以通过相对于 OPC 控制系数的值绘制 TPR 值来表示灵敏度：

```
# 绘制灵敏度
plt.plot(OPC,TPR)
```

前面的代码生成如图 5-5 所示的输出。

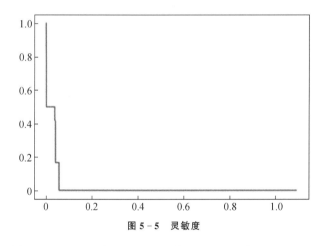

图 5-5　灵敏度

我们还可以看到灵敏度(TPR)是如何随着 OPC 值的增加而降低的。

同样，我们可以通过将灵敏度(TPR)与 FPR 值进行比较来绘制 ROC 曲线：

```
# 绘制 ROC 曲线
plt.plot(FPR,TPR)
```

生成的输出如图 5-6 所示。

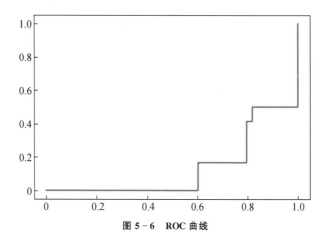

图 5 - 6 ROC 曲线

小结

在一个日益互连的世界中,随着物联网的逐步普及,有效地分析网络流量以寻找能够可靠代表可能的危害迹象(例如僵尸网络的存在)的异常变得至关重要。

另一方面,利用自动化系统完成网络异常检测任务使我们面临不得不管理越来越多的误导信号(误报)的风险。

因此,更合适的做法是将自动异常检测活动与人工操作员进行的分析相集成,利用 AI 算法作为过滤器,以便仅选择出真正值得分析人员深入关注的异常。

在下一章中,我们将讨论用于保护用户身份验证的 AI 解决方案。

第三部分
保护敏感信息和资产

本部分介绍了通过生物特征身份验证、登录尝试分类、账户输入速度特征和信誉评分来防止认证滥用和欺诈。

本部分包含以下章节：

- 第 6 章 保护用户身份验证
- 第 7 章 使用云 AI 解决方案的欺诈预防
- 第 8 章 GAN——攻击与防御

6

保护用户身份验证

在网络安全领域,为防止身份盗用等信息滥用问题,**人工智能(AI)**在保护用户敏感信息(包括用户用于访问其网络账户和应用程序的凭证)方面发挥着越来越重要的作用。

本章将涵盖以下主题:

- 身份验证滥用预防
- 账号信誉评分
- 采用击键识别的用户身份验证
- 采用人脸识别的生物特征身份验证

身份验证滥用预防

目前,以数字形式(如电子商务、网上银行等)向用户提供传统服务的方式日益流行,正确识别和预防针对用户数字身份的可能威胁(如身份盗用风险)也越来越重要。此外,随着**物联网(IoT)**的迅速普及,利用伪造凭证(或从合法所有者那里窃取凭证)获得未经授权访问的可能性比以往任何时候都要大。

由于人与机器以及机器与机器之间建立的连接呈指数级增长,网络空间的攻击面也随之增长,使得信息泄露的风险变得更大。

对于任何可能对第三方承担法律责任的公司来说,保护用户账号不仅是一个数据完整性的问题,也关乎公司的声誉风险。只要想想关于虚假账号的传播所带来的问题就知道了,这些虚假账号是为了从用户那里获取机密且敏感的信息而特意创建的。还有巨魔账户问题,这会让那些不知道这些账户的虚构性质的合法用户感到困惑并受到制约。

随着自动化服务的普及,越来越多的算法被用来管理自动化服务,从法律角度来看,保证通过自动化程序收集的敏感信息的正确性和合法性也变得至关重要,可要求企业根据欧盟的《通用数据保护条例》(General Data Privacy Regulation,GDPR)确立的问责制原则做出回应。

因此,必须采取一切必要的组织措施,如监控试图破坏密码等可疑活动,以保证用户账号的安全。

用户账号保护的弱点之一是对密码的保护不力。

密码过时了吗?

长期以来,密码一直是保障用户账号安全的主要工具,但密码已表现出它们的局限性。

随着在线服务(以及用于访问这些服务的不同接入平台)数量的增加,用户必须记住的密码数量也相应增加。

由于密码的健壮性要求选择不同的字母数字代码,但这与密码的易管理性相冲突,因此对于多个账号和服务,用户常常使用相同的密码。

这会导致攻击面增加以及密码泄露的风险上升。如果攻击者成功窃取了用户的凭证(例如他们的个人电子邮件账号),那么他们很可能还会侵犯其他凭证,从而成功地盗用受害者的数字身份。

事实上,身份盗用的风险是影响用户的主要威胁之一。一旦受害者的身份遭到侵犯,攻击者就能进行一系列非法活动,如以受害者的名义建立银行账号进行洗钱,隐藏在用户凭证的背后,而用户通常并不知道所发生的非法活动。

随着时间的推移,将密码认证和账号授权过程集成在一起的安全措施被采用,这绝非偶然。对单个用户来说,这些部署的监控任务旨在提高环境感知力,即在正常(或可疑)的环境下,分析和限制与访问凭证相关的活动。

对用户账号的保护并不限于简单地验证所输入密码的正确性以及密码与用户账号的对应关系,还包括记录各种账号活动,如从属于不同地理区域的 IP 地址同时访问,或使用不同设备,如 PC、智能手机、浏览器和操作系统等不同寻常或以前从未用过的设备。

显然,这种监控的目的是检测攻击者可能盗用凭证,攻击者试图利用先前侵权得到的密码访问用户账号。

为了实现这种级别的环境安全感知,有必要把对用户账号的监控活动与使用自动学习算法的异常检测程序集成在一起,从而学习基于用户自身的习惯和行为来区分不同的可疑活动。

也可以采用利用用户的生物特征凭证的身份验证程序来替换密码,这些生物特征凭证包括虹膜、语音、指纹或人脸。

在这种情况下,不宜将识别程序局限于单个生物特征凭证,虽然这具有鲁棒性,但仍然可能被欺骗(利用限制和漏洞影响用于验证生物特征数据的传感器进行伪造)。相反,我们应将其与验证用户凭证的不同方法集成在一起。

通用身份验证方法

长期以来,为了确保凭证确实属于账号的合法所有者,引入了多种形式的验证,其中一些基于第二个身份验证因素,如以一次性密码(OTP)编码形式传送的临时密码。这些编码通过 SMS 消息发送给用户的电话号码,或通过与用户账号关联的电子邮件地址发送。此类过程的可靠性基于次级因素,如用于接收和管理这些身份验证因素的支持系统和信道的完整性。

若用户的电子邮件账号被黑客入侵,或智能手机上安装了恶意软件,自动读取 SMS 消息后将 OTP 编码转发给攻击者,那么基于安全目的的第二个身份验证因素显然是无效的。

第二个身份验证因素的有效性基于所使用的支持系统的多样化假设。换言之,建议用户不要将所有个人敏感信息都保存在单一支持系统中(遵循最著名的风险管理最佳实践之一,不要将所有的鸡蛋放在同一个篮子中)。

如果这种多样化假设无法得到验证,那么基于第二个身份验证因素的认证程序的可靠性也不可避免地终止了。

如何识别虚假登录

从前面所说的内容来看,应该明确的是,基于安全令牌(如密码、SMS、OTP 等)的身份验证程序的使用至少应与自动异常检测程序集成。

与用户账号管理相关的异常情况如下:

- 暴力访问尝试,旨在通过在有限的时间内输入不同密码来确定用户密码
- 来自属于不同地理区域的 IP 地址的同时访问
- 使用用户不常用的设备、软件和操作系统
- 与人类操作不相符的操作频率和打字速度

显然,要监控事件的列表能根据特定的分析环境而增加和变化。然而,重要的是,一旦提供了代表性事件的历史数据,就可以自动进行异常检测。

虚假登录管理——反应式与预测式

一旦积累了与可疑访问相关的代表性事件,了解要遵循的管理策略就很重要了。较传统的一种策略是预设反应式报警系统,也就是说,一旦识别出可能的未授权访问,报警系统就触发一个事件(反应),用户账号会被自动暂停或封锁。

尽管反应式策略实施简单,但存在以下重要的副作用和缺点:

- 针对合法用户的**拒绝服务(DoS)**攻击的可能性。攻击者通过模拟未经授权的访问尝试来触发报警系统发出自动封锁用户账号的命令,以扰乱正在提供服务的用户和公司,从而损害组织的声誉。
- 反应式报警系统常设有与相关事件关联的默认触发器。事件校准是针对所有用户全局进行的,系统不会根据用户的特定行为来识别单个用户。
- 反应式策略通过后视法则解读现实,即它假定未来与过去相同,因此不会自动适应环境的快速变化。

- 反应式策略通常基于对异常活动峰值的监控,也就是说,若行为超出某些预定的正常水平,则认定此行为可疑。这种情况发生在以**隐蔽(stealth)**模式进行攻击时,这种模式不会导致异常活动峰值超过预设报警阈值。攻击者可持续隐藏于系统内部,不受干扰地执行信息收集和滥用操作。最大规模用户账号入侵事件之一是攻击 Yahoo! 门户网站。这是在隐蔽模式下进行的,经过几年的时间违规行为才被发现并公之于众。

相反地,应对用户账号被攻击的策略必须考虑可能影响用户和攻击者行为的环境和场景的变化,这就要求采用一种检测异常的预测性方法,通过分析过去的数据,能够找出潜在的模式以推断用户的未来行为并及时识别可能的危害或欺诈企图。

预测不可预测之事

预测分析的任务是揭示隐蔽模式,识别数据中的潜在趋势。为此,有必要将各种数据挖掘和机器学习(ML)方法结合起来,以便从组织可用的各种不同信息源中利用结构化和非结构化数据集。

这样,可以对数据采用不同的自动学习算法,将原始数据转换为可操作的预测响应。

显然,算法不同,预测精度也会不同。

正如前几章中所述,分类算法特别适合处理**离散**输出(垃圾邮件或正常邮件),而如果需要处理**连续**输出(即输出值具有较大粒度),则应该首选回归算法。

同样地,要管理大规模分类任务,可考虑使用线性**支持向量机(SVM)**、**决策树**和**随机森林**,当需要对数据进行分类时,它们通常会提供较好结果。

必须特别提到的是,无监督学习和聚类算法特别适用于探索数据中潜在的和未知的模式,以执行诸如可疑用户行为的异常检测之类的任务。

选择正确的特征

采用预测方法检测可能的用户账号违规行为,可以转换为对正确特征进行监控。根据我们认为更可能发生的威胁不同,监控的正确特征也会有所不同。

在防止暴力破解用户账号(用户 ID 和密码)的攻击时,监控访问(尝试登录)失败的次数并检测其增长速率和随时间的变化可能就足够了。但是,在其他情况下,监控的元素可能是密码更改、登录失败、密码恢复等的频次。

更为困难的是检测那些已经拥有正确用户密码的攻击者可能进行的隐蔽模式攻击(因为他们先前已经破坏了与该用户账号关联的电子邮件账号,从而利用了密码恢复程序),或者检测那些在没有明显账户凭证泄露的情况下被劫持的用户会话(也称为**会话劫持**,它包括滥用由合法用户定期发起并被攻击者利用以达到欺诈目的的会话)。

在这种情况下,监控与用户登录相关联的 IP 地址可能会有用,以验证是不是从相距遥远的地理区域同时访问,或者是不是使用特定用户不常用的设备和软件在有限时间内进行过于频繁的访问。

防止创建虚假账号

用户账号的创建也是一项被监控的活动,以防止在平台上出现可能的虚假个人资料传播。试想一下,这些虚假资料可以通过迷惑和欺骗合法用户,诱使他们做出可能导致欺诈或损害其账户的行为,从而实施非法活动。

这些需要被监控的事件可以追溯至创建虚假账号所涉及的常见阶段,即请求激活新账号和在现有账号中识别虚假账号,如果用户出现不当行为,必须阻止或取消这些账号。

在短时间内(例如不到一个小时),同一 IP 地址请求激活大量新账号,就可能是异常创建新账号(极有可能是虚假账号)的迹象。

在现有账号情况下,若在短时间内提交了大量的用户帖子,这可以作为存在虚假账号的异常指示,让我们相信在平台上存在一个旨在传播垃圾邮件的僵尸程序。

账号信誉评分

因此,对用户账号活动的监控必须同时考虑新创建账号和现有账号,以防止攻击者入侵现有账号进行恶意活动。建议基于相关用户的行为,根据信誉评估度量(信誉评分)对用户信誉度进行评估。这个信誉评分还可识别出隐蔽模式下进行的攻击,从而预防攻击未被检测到的风险。利用报警系统可实现信誉评分,经过校准的报警系统可监控活动的异常和噪声峰值。

在评估每个用户账号相关联的信誉评分时,要考虑各种特征:

- 一段时间内用户发布帖子的数量和频率
- 通过代理、VPN 或其他 IP 匿名系统访问用户账号
- 使用不常用的用户代理(如脚本)登录
- 用户利用键盘输入文本的速度

在训练算法和动态评估单个用户的信誉评分时,应有效地考虑到这些特征和其他特征。

对可疑用户活动的分类

一旦积累了用于训练的必要特征,就需要决定采用哪种策略来训练算法。特别要说明的是,通常采用的方法是监督学习,这是通过利用已拥有的信息及以前对可疑账号所做的分类来实现。实际上,我们已经在黑名单中积累了许多用户账号,或者使用基于规则的检测系统将它们报告为可疑账号。

可考虑把已暂停或列入黑名单的账号的相关特征作为正样本,反之,可将仍有效账号的相关特征作为负样本。只需要为用例选择最合适的监督学习算法,然后使用之前识别的标签并与上文中提到的正负样本相关联来进行训练。

监督学习的利弊

无论遵循监督学习策略看起来多么合乎逻辑,都有必要考虑其中涉及的方法上的风险。

其中一个主要问题是,算法难以学会识别新形式的可疑活动,因为算法受到先前分类标签的制约,而这些标签可能受到系统误差的影响。为重新训练模型以检测新形式的可疑活动,应强制插入与先前不同的分类规则,这些规则应能够正确检测出与新样本相关联的新标签。

然而,这并不能预防先前引入模型中的系统误差被放大的风险。若错误地将某些类别的用户包含在黑名单中(例如,所有从属于特定地理区域的 IP 地址进行连接的用户,这些 IP 地址以前被认定为垃圾邮件活动的源头),系统会自动反馈这些情况,导致在模型中引入误报。

为了减少这些误报造成的失真影响,应在随后的每个训练阶段对要提交到算法的样本进行适当的加权。

聚类方法的利弊

聚类是可用于对用户账号的可疑活动进行分类的另一种方法。基于所进行活动的类型(用户发帖子的频率、在平台上花费的时间、用户登录的频率等),可以将用户账号分为同类组,还可以辨识出可能涉及多个用户账号的可疑活动,这些活动可能是由同一攻击者进行的,其目的可能是诸如通过协调不同账号的活动来传播垃圾邮件或发布不需要的帖子这样。

实际上,聚类是一种允许检测不同用户组的相似性(甚至是隐藏的相似性)的方法;一旦被分组到不同的簇中,就需要确定这些簇中哪些是可疑活动的真正代表,以及在每个簇中哪些账号涉及可能的欺诈活动。

然而,即使在聚类的情况下,也需要谨慎地选择使用的算法类型;事实上,在检测可疑活动方面,并不是所有的聚类算法都有效。

例如,聚类算法(如 k 均值)需要正确确定簇的数量(通过预先定义参数 k 的值,算法的命名就是依据于此),在实践中,该算法不太适合检测可疑用户活动,因为通常无法确定账号分组必需的正确簇数。

此外,像 k 均值这样的算法无法处理以类别或二进制分类值形式表示的特征。

采用击键识别的用户身份验证

考虑到前面提到的局限性和各种方法的问题,最近我们越来越多地采用新的形式,使用一些生物特征识别来检测可疑用户账号。由于神经网络的日益普及,它们比过去更多地被使用。

同样,用户身份验证程序常通过生物特征识别来实现,这是对最传统的基于密码的身份验证形式的补充(如果不是替代的话)。

当谈论到生物特征识别时,要考虑那些能够可靠且唯一追溯到一个特定人类用户的独特物理元素,例如虹膜、人脸、指纹、声音等。可通过模式识别行为和习惯,这些模式可与个体用户可靠地关联起来。在这些生物特征识别行为中,击键输入[也称为击键动力学(keystroke dynamics)]也是其中一种,与徒手书写一样,击键输入有助于可靠地识别不同的目标。

Coursera 签名认证

几年前,Coursera 引入了签名认证(signature track)技术,该技术是基于击键动力学进行用户身份验证的第一个具体实例,Coursera 运用该技术在课程结束时辨别参加考试的学生身份是否合法。

Coursera 采用的签名认证技术在 Andrew Maas、Chris Heather、Chuong(Tom)Do、Relly Brandman、Daphne Koller 和 Andrew Ng 撰写的论文 *MOOCs and Technology to Advance Learning and Learning Research*,*Offering Verified Credentials in Massive Open Online Courses*(Ubiquity Symposium)(http://ubiquity.acm.org)中进行了描述,该论文旨在解决如何为每个学生分配用户凭证,以便能可靠地验证其身份的问题。

签名认证是一个将学生的课程与他们的真实身份联系起来的过程,这样在课程结束时,学生就会收到一份由 Coursera 和授课学校共同签发的认证证书,证书上会有学生的姓名。

证书具有唯一验证码,该验证码还允许第三方(如雇主)验证真实候选人的课程完成情况。

签名认证的显著特征不仅与认证和身份验证程序有关,而且由于 Coursera 注册学生人数的不断增加,签名认证的规模也越来越大,事实上,一门 Coursera 课程通常会有40 000到60 000名学生。因此,认证和身份验证程序也具有效率高的特点,无需教师或工作人员的干预。

此外,与其他 Web 服务(如网上银行或电子商务)不同,Coursera 用户账号的验证和认证管理十分复杂,这是因为用户容易将自己的登录凭证提交给其他人,以便他们能代替自己完成作业。这种特殊性促使 Coursera 根据与每个学生相关的人脸识别和键入模式,采用两种不同的生物特征和照片认证方法。在注册阶段,Coursera 要求学生通过网络摄像头提供一张照片以及一份身份证明文件的复印件。

此外,在注册阶段,要求学生用他们的键盘键入一个简短的句子,这样他们各自的生物击键特征就可以被识别。这项工作使用击键动力学来实现。

击键动力学

对于每个学生来说,击键事件的节奏和韵律这些击键动态特征是独一无二的,然而这些事件不能直接用于 ML 算法,因为它们可能会受到一系列外部随机因素的破坏,如中断、改错或使用如 Shift 或 Caps Lock 等键盘特殊功能键。

因此,有必要把代表用户序号的相应原始数据转化为正确表示用户的击键动态特征的数据集,以便清除数据中的随机干扰因素。

使用击键动力学的异常检测

Kevin S.Killourhy 和 Roy A. Maxion 撰写的论文 *Comparing Anomaly-Detection Algorithms for Keystroke Dynamics* 是最早将击键动力学用于异常检测的科学研究之一。作者提出了收集击键动态特征数据集以测量不同检测器的性能;他们收集了 51 名受试者输入的数据,每人输入 400 个密码,然后提交了由 14 种不同算法收集的数据,这些算法评估了用户检测的性能。

这项研究的目的是根据不同的键入模式,可靠地识别出那些盗取其他用户密码的冒名顶替者。

当冒名顶替者试图使用盗用的密码进行身份验证时,根据其与真正的用户相比不同的击键动态特征,可以识别他们并立即阻止访问。

确定击键动力学的一些特征如下:

- **Keydown-keydown**:这是连续两次按键间隔的时间。
- **Keyup-keydown**:这是释放一个键到按下一个键间隔的时间。
- **Hold**:这是每个键按下到释放间隔的时间。

从原始数据中提取时序特征集并将其提供给用户检测算法。

击键检测示例代码

下面是基于前一节提到的论文 *Comparing Anomaly-Detection for Keystroke Dynamics* 中描述的数据集实现击键动力学的示例。该数据集还可在 https://www.cs.cmu.edu/ ~ keystroke/DSL- StrongPasswordData.csv 下载,数据文件为.csv 格式。

正如前面所说,数据集由 51 名受试者输入的数据组成,每名受试者键入 400 个密码,收集的数据还包括这些保持时间(在数据集中用标签 H 表示)

- Keydown-keydown 时间(用标签 DD 表示)
- Keyup-keydown 时间(用标签 UD 表示)

击键检测脚本的代码如下:

```python
import numpy as np
import pandas as pd
from matplotlib import pyplot as plt
% matplotlib inline

from sklearn.model_selection import train_test_split
from sklearn import metrics

from sklearn.neighbors import KNeighborsClassifier
from sklearn import svm
from sklearn.neural_network import MLPClassifier

pwd_data =
pd.read_csv("https://www.cs.cmu.edu/~ keystroke/DSL- StrongPasswordData.csv",
header= 0)

# 每名受试者的平均击键时间间隔

DD = [dd for dd in pwd_data.columns if dd.startswith('DD')]
plot = pwd_data[DD]
plot['subject'] = pwd_data['subject'].values plot = plot.groupby('subject').
mean()
plot.iloc[:6].T.plot(figsize= (8, 6), title= 'Average Keystroke Latency per Sub-
ject')
```

图 6-1 给出了脚本运行结果。

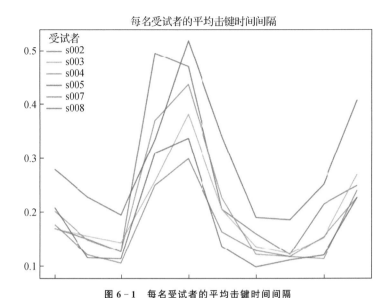

图 6-1　每名受试者的平均击键时间间隔

脚本继续进行数据集拆分,然后应用不同的分类器进行检测,如下例所示:

```
data_train, data_test = train_test_split(pwd_data, test_size = 0.2, random_
state= 0)

X_train = data_train[pwd_data.columns[2:]]
y_train = data_train['subject']

X_test = data_test[pwd_data.columns[2:]]
y_test = data_test['subject']

# k近邻分类器
knc = KNeighborsClassifier()
knc.fit(X_train, y_train)

y_pred = knc.predict(X_test)

knc_accuracy = metrics.accuracy_score(y_test, y_pred)
print('K- Nearest Neighbor Classifier Accuracy:', knc_accuracy)
K- Nearest Neighbor Classifier Accuracy: 0.3730392156862745

# 支持向量机线性分类器
svc = svm.SVC(kernel= 'linear')
svc.fit(X_train, y_train)
y_pred = svc.predict(X_test)

svc_accuracy = metrics.accuracy_score(y_test, y_pred)
print('Support Vector Linear Classifier Accuracy:', svc_accuracy)
```

Support Vector Linear Classifier Accuracy: 0.7629901960784313

```
# 多层感知机分类器
mlpc = MLPClassifier()
mlpc.fit(X_train,y_train)

y_pred = mlpc.predict(X_test)
mlpc_accuracy = metrics.accuracy_score(y_test, y_pred)
print('Multi Layer Perceptron Classifier Accuracy:', mlpc_accuracy)
Multi Linear Perceptron Classifier Accuracy: 0.9115196078431372
```

现在,可以绘制出多层感知机结果的混淆矩阵:

```
# 绘制多层感知机结果的混淆矩阵
from sklearn.metrics import confusion_matrix

labels = list(pwd_data['subject'].unique())
cm = confusion_matrix(y_test, y_pred, labels)

figure = plt.figure()
axes = figure.add_subplot(111)
figure.colorbar(axes.matshow(cm))
axes.set_xticklabels([''] + labels)
axes.set_yticklabels([''] + labels)
plt.xlabel('Predicted')
plt.ylabel('True')
```

由脚本绘制的混淆矩阵如图 6-2 所示。

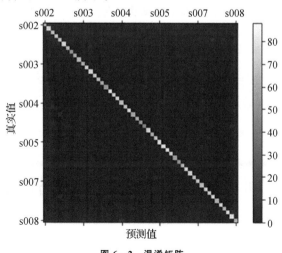

图 6-2　混淆矩阵

在前面的代码示例中,使用了三个不同的分类器(可在 scikit-learn 库中获得),按预测精度的升序显示它们的用法。

从 KNeighborsClassifier(k 近邻)聚类算法开始,再使用支持向量机线性分类器,最后使用**多层感知机(Multilayer Perceptron,MLP)**分类器,MLP 分类器的预测结果准确率最高,可以达到 90% 以上。

用图形表示了每名受试者的平均击键时间间隔,也给出了使用多层感知机分类器获得的混淆矩阵结果。

使用多层感知机的用户检测

为什么 MLP 分类器在预测精度方面表现更好?

答案是它代表了一种**人工神经网络(Artificial Neural Network,ANN)**。

ANN 构成了深度学习的基本要素,是具有高潜力的深度学习算法的基础,例如,允许对大量数据进行分类,可以实现人脸识别和语音识别,还能击败如 Kasparov 这样的国际象棋世界冠军。

在第 3 章中已经介绍了感知机,也提到了它的局限性,即在数据不能线性分离的分类场景中单层感知机难以完成任务。然而,多层感知机克服了单层感知机的局限性。

实际上,一个 MLP 由多层人工神经元组成,每一层都由感知机实现。

一个 MLP 可有三层或更多层完全连接的人工神经元,它们作为一个整体构成了一个前馈网络。重要的是,MLP 可以近似任何连续的数学函数,因此可以添加任意数量的隐藏层,以增强其总体预测能力。

采用人脸识别的生物特征身份验证

除了使用击键动力学进行身份验证外,使用人脸识别的身份验证方法也越来越普遍。

这些方法既得益于神经网络的日益普及,也得益于预装在智能手机、平板电脑、个人电脑和其他设备上的硬件外设(如嵌入式摄像头)的普及。

尽管看起来很奇怪,但使用生物特征作为证据的想法并不新鲜,可以追溯至近代。上个世纪初,在警察的行动中就使用了指纹,一些基本的人脸识别形式甚至可以追溯至描绘通缉犯的海报上,这在荒野的西部很常见,现在调查人员使用最新的人像拼图。

当然,毫无疑问,直到近年来,生物特征证据的使用才真正爆发,这并非偶然,因为威胁的扩散不仅与互联网的使用有关,而且与打击恐怖主义的国家安全也紧密相关。

在许多情况下,尤其是在网络访问控制不那么系统和可靠的国家,互联网的使用会使匿名行为更加便利。如果通过 IP 地址或由用户名和密码组成的通用访问凭证进行的检查还不充分,则必须辅以更严格的个人身份验证形式。

人脸识别的优点和缺点

在某些方面,使用人脸识别似乎是生物识别程序的首选;随着配备高清摄像头的智能手机和平板电脑等设备的普及,使用人脸识别似乎是验证身份的最合乎逻辑也最实用的解决方案。

不过,对一些技术因素不应低估。

要使人脸识别成为一种可靠的身份验证方法,必须确保所使用的图像不受环境因素(如反射、阴影、入射光等)的影响而失真,从而使识别目标变得更加困难;人脸识别的可靠性也与人脸的曝光角度相关。

当试图从拍摄的人群图像中提取脸部样本进行人脸识别时,这些问题就十分突出,其结果往往因大量的误报而使得识别方法失效。

因此,当把人脸识别成功地应用于一个可控的环境中时,其潜在的失真因素就可以被减至最低限度,这样人脸识别的有效性和可靠性就会更高。然而,如果不加控制地使用人脸识别(例如在人群中定点寻找某些个体),这种有效性和可靠性就会变低。

一定不要忘记生物识别程序依据的基本假设是唯一性,即将生物特征证据独一无二地关联到特定个体。在进行人脸识别时,这种假设并不总是能够得到满足。

除了明显的人脸相似(如相貌相似的情况)外,由于疾病、压力、事故或简单的衰老等身体原因,同一个人的面部特征也会随时间变化;此外,随着人口的增加,"撞脸"可能性也会相应增加。针对这些情况,为了提高识别可靠性,需要真正考虑的数据量会随着人脸数据量的增加而不成比例地增加。

所有这些使得可靠地训练人脸识别算法变得尤为困难,从而使得实时地运用人脸识别变得不太现实。

如果我们考虑要将存档的证据与随着时间积累的新图像进行逐一比较的次数,你立即就会意识到,采用穷举的方式对所有可能的组合进行比较验证是不可行的。

当这种情况发生在指纹识别领域时,我们应该将比较局限于独有的特征(称为**叠片**),对识别任务而言,这些特征在概率上被认为是可靠的(在使用指纹识别时,这些独特特征被称为细节点,即可以发现不一般证据的指纹区域,如两个嵴纹合并或一个嵴纹终止),并使用适当的相似性度量,例如**局部敏感哈希算法(Locality-Sensitive Hashing,LSH)**。

尽管人脸识别程序具有显著的实用性,但它们并非没有问题,它们可能产生大量误报。

特征脸人脸识别

在最常见的人脸识别技术中,有一种称为**"特征脸"**,正如我们将看到的,该名称来源于其实现过程,该过程利用了线性代数。

从技术角度说,人脸识别是一个分类问题,包括将人脸的名字与对应图像相结合。

千万不要把人脸识别和人脸检测混为一谈,后者是一套旨在识别图像中是否存在人脸的程序。作为一个分类问题,人脸识别的前提是存在一个代表人脸的图像档案库,库中的每一个人脸图像都有一个名字与之匹配。

为此,必须能将档案库中的图像与要进行人脸识别的个人的新图像进行比较。

该问题的一个直接解决方案是通过计算图像中存在的特征的倒数差来减少图像中的特征向量。然而,如前所述,要近乎实时地进行大量比较,这是不切实际的。

图像天生就有高**维数**(不同特征)的特点,这些维数可能包含许多对于识别来说无关的信息

（构成**白噪声**）。为实现可靠的比较，需要将维数减少至与识别目的严格相关。

因此，利用特征脸的人脸识别技术是基于一种无监督降维算法，即**主成分分析（PCA）**，这并非巧合。

使用主成分分析（PCA）的降维

PCA 可以辨识出数据集的代表性变量（也称为**主成分**），选择那些数据分布更广的变量。

要理解为什么要对高维数据（如图像）进行降维以及如何使用 PCA 实现降维，可考虑以下描述性示例。

假设要区分食物的营养价值，在维生素、蛋白质、脂肪和碳水化合物中，应考虑哪些营养素？

要回答这个问题，就必须确定哪种营养素起着主成分的作用，即采用哪种营养素（或营养素的组合）来表征不同食物中的要素？

问题在于并非所有的食物都含有相同的营养素（如蔬菜中的维生素含量远高于肉类）。可考虑将一组不同的营养素作为主成分，如在维生素（存在于蔬菜含中）的基础上添加脂肪（存在于肉类中）等营养素。

然后，添加（或移除）营养素，以确定可以作为主成分的要素的最佳组合，即数据沿着这些要素的方向分布最广。

必须牢记，某些营养素可能高度相关，这意味着它们朝着相同的方向运动，而其他营养素则朝着相反的方向运动（如随着维生素含量的增加，脂肪含量降低，可以使用线性相关系数 R 测量相关度）。

如果能确定具有高相关度的要素，就可在定义主成分时减少要考虑的变量数，而这正是 PCA 的目的：降低维数（降低表征给定数据集的维数）。

主成分分析

形式上，PCA 就是要选择空间超平面，其中数据（由空间中的点表示）沿该超平面分布最广；在数学术语中，这转化为寻找方差最大的轴。

图6-3描述了一个数据集的主成分。

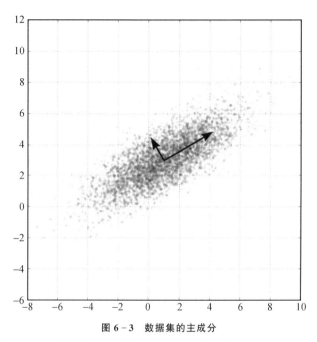

图6-3 数据集的主成分

（图片来源：Wikipedia，网址为 https://en.wikipedia.org/wiki/File:GaussianScatterPCA.svg）

为了识别该轴，需要计算与数据关联的协方差矩阵，以识别矩阵中最大的特征向量，该向量与主成分关联的轴对应。这样就可降低数据维数。

特征向量（以及与之相关的特征值）的概念源于线性代数，该概念对应于人脸识别技术中的特征脸。

接下来将简要分析这些概念，给出其数学形式的表述。

方差、协方差和协方差矩阵

要理解特征向量和特征值的概念，首先要回顾一些数学定义。

· **方差**：度量数据的分散程度，用各数据与其平均数之差进行平方求和后的平均值表示，如下所示：

$$\sigma^2 = \frac{\sum (x_i - \mu_x)^2}{(N-1)}$$

- **协方差**：度量两个变量间的线性相关度，其数学公式如下：

$$\mathrm{cov}(X,Y) = \frac{\sum (x_i - \mu_x)(y_i - \mu_y)}{(N-1)}$$

- **协方差矩阵**：该矩阵包含了属于数据集的每个有序数据对上计算的协方差。

可以采用 Python 的 NumPy 库计算方差、协方差和协方差矩阵。下面的示例展示了一个由 NumPy 列表数组（表示向量）表示的协方差矩阵，最后使用指令 `print(np.cov(X).T)` 打印了协方差矩阵，如下所示：

```
import numpy as np
X = np.array([
  [3, 0.1, - 2.4],
  [3.1, 0.3, - 2.6],
  [3.4, 0.2, - 1.9],
])

print(np.cov(X).T)
```

特征向量和特征值

现在给出特征向量和特征值的概念，它们均来自线性代数。

方阵 A 的特征向量由向量 v 表示，该向量满足以下条件：

$$Av = \lambda v$$

同样，值 λ（由标量表示）构成向量 v 的对应特征值。

需要记住的是，特征向量（及相应的特征值）只能对方阵进行计算，并非所有的方阵都有特征向量和特征值。

为了理解 PCA 的特征向量和特征值的相关性，应牢记向量（如特征向量）表示线性空间中的有向元素（由方向来表征），而标量（如特征值）则表示强度的度量（无方向）。

因此,前面的方程表示一个线性变换:特征向量 *v* 乘以矩阵 **A** 并不改变 *v* 的方向(保持不变),只改变其强度,在实践中该强度由特征值 λ 决定。这就像对向量 *v* 进行了重缩放。

图 6-4 显示了由特征值相乘引起的向量重缩放。

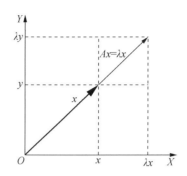

图 6-4　特征值相乘引起向量重缩放

(图片来源:Wikipedia,网址为 https://en.wikipedia.org/wiki/File:Eigenvalue_equation.svg)

因此,为了识别协方差矩阵中的主成分,需要寻找与较高特征值对应的特征向量。这种情况下,可以使用 NumPy 库进行计算。

假设有以下方阵 **A**:

$$A = \begin{bmatrix} 2 & -4 \\ 4 & -6 \end{bmatrix}$$

特征向量和特征值(如果存在)的计算被简化为以下 NumPy 指令:

```
import numpy as np
eigenvalues, eigenvectors = np.linalg.eig(np.array([[2, - 4], [4, - 6]]))
```

特征脸示例

接下来介绍 PCA 技术在人脸识别中的应用。下面的示例将把档案库中的每个图像与图像所代表的人员对应的名字关联起来。

为此,要将图像的维数(由像素不同特性对应的大量特征组成)降低至主成分,即与识别目的最相关的特征。这些主成分就是特征脸。

一些特征脸如图 6-5 所示。

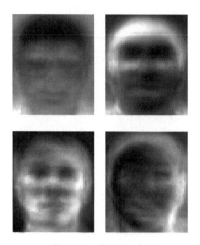

图 6-5　特征脸示例

(**图片来源：Wikipedia，网址为 https://en.wikipedia.org/wiki/File：Engenfaces.png**)

因此，数据集的每个图像都可以用这些特征脸的组合来表示。

图像数据集来自**户外人脸检测(Labeled Faces in the Wild，LFW)数据库**(Gary B.Huang，Manu Ramesh，Tamara Berg，Erik Learned-Miller，*Labeled faces in the Wild：A Database for Study Face Recognition in Unconstrained Environments*，University of Massachusetts，Amherst，Technology Report 07-49，2007)，可以从 `http://vis-www.cs.umass.edu/lfw/lfw-funneled.tgz`.下载。

与前面在击键动态特征示例中一样，本例也使用 MLP 分类器对图像进行分类。

通过 classification_report() 给出 MLP 分类器的结果，包括精确度、召回率和 F1 评分度量值，如下所示：

```
from sklearn.datasets import fetch_lfw_people
from sklearn.decomposition import PCA
from sklearn.neural_network import MLPClassifier
from sklearn.model_selection import train_test_split
from sklearn.metrics import classification_report
lfw = fetch_lfw_people(min_faces_per_person= 150)

X_data = lfw.data
```

```
y_target = lfw.target
names = lfw.target_names

X_train, X_test, y_train, y_test = train_test_split(X_data, y_target,
test_size= 0.3)

pca = PCA(n_components= 150, whiten= True)
pca.fit(X_train)

pca_train = pca.transform(X_train)
pca_test = pca.transform(X_test)

mlpc = MLPClassifier()
mlpc.fit(pca_train, y_train)

y_pred = mlpc.predict(pca_test)
print(classification_report(y_test, y_pred, target_names= names))
```

运行以上脚本,可以得到以下输出:

	precision	recall	f1-score	support
Colin Powell	0.92	0.89	0.90	79
George W Bush	0.94	0.96	0.95	151
micro avg	0.93	0.93	0.93	230
macro avg	0.93	0.92	0.93	230
weighted avg	0.93	0.93	0.93	230

小结

本章阐述了各种用于提高用户身份验证过程有效性的技术,这些技术也可以迅速检测可疑的用户账号。

这些技术基于生物特征证据的使用(如人脸识别)或生物特征行为的使用(如击键动力学),可以运用 MLP 等神经网络 AI 算法来实现。

本章还介绍了如何使用 PCA 将数据降维以获取其主成分。

最后,重点介绍了使用生物特征证据进行用户身份验证和识别的优缺点。

下一章将学习使用云 AI 解决方案预防欺诈。

7

使用云 AI 解决方案的欺诈预防

许多针对企业的安全攻击和数据泄露的目的是为了获取客户信用卡详细信息等敏感信息。此类攻击通常以隐蔽模式进行,因此很难使用传统方法检测到此类威胁。此外,要监视的数据量通常维数较高,仅通过在关系数据库上执行传统的**抽取、转换和加载(Extra, Transform, and Load, ETL)**过程难以进行有效的分析,因此采用可扩展的人工智能(AI)解决方案非常重要。这样,企业就可利用云架构来管理大数据并利用预测分析方法。

信用卡欺诈是 AI 解决方案在网络安全领域应用的一个重要考验,因为它需要利用云计算平台进行大数据分析来开发预测分析模型。

本章将学习以下主题:

- 如何利用机器学习(ML)算法进行欺诈检测
- 如何利用 bagging 和 boosting 技术提高算法的有效性
- 如何利用 IBM Watson 和 Jupyter Notebook 进行数据分析
- 如何利用统计指标进行结果评估

下面介绍算法在信用卡欺诈检测中的运用。

欺诈检测算法介绍

近年来,金融业的欺诈活动,特别是信用卡欺诈活动,有所增加。这是因为网络犯罪分子很容易进行信用卡欺诈,所以对于金融机构和组织来说,能够迅速识别诈骗企图就显得十分重要。

此外,这类诈骗具有全球性特点;也就是说,它会涉及不同的地理区域以及各种金融机构和组织,这使得针对信用卡欺诈进行欺诈检测和预防活动变得更加复杂。

因此,必须要在世界各地不同的组织之间共享信息源。

这些信息源是异构的,其特点是数据生成呈爆炸性增长,却又需要进行实时分析。

这类似于典型的大数据分析场景,需要分析工具和适当的软硬件平台,如云计算平台。

洗钱和非法活动,如国际恐怖主义融资等,大多与信用卡欺诈相关,这使情况更加复杂。

因此网络犯罪分子进行的非法活动具有跨国性质,涉及有组织犯罪的不同部门。

应呼吁所有公共和私营部门组织根据诸如反洗钱法等监管法律进行合作,以打击这些非法活动。

由于经济动机扭曲,信用卡欺诈的预期收益大大高于其他非法活动,而且被警察抓获的风险远低于其他形式的传统犯罪,因此网络犯罪分子对信用卡欺诈的兴趣日益浓厚。

此外,如果个人金融诈骗涉及的金额和价值不超过一定的阈值,不鼓励金融机构本身追查非法活动,因为调查活动可能会被证明是不合算的(例如,对于通过位于不同国家和地理区域的假冒电子商务网站进行的诈骗,需要开展涉及不同司法管辖区域的调查活动,这会大大增加执法成本和执行时间)。

信用卡欺诈造成的经济损失并不是金融机构必须面对的唯一问题,失去信誉度和可靠性还会使其声誉受损。

此外,信用卡欺诈也可能对客户构成威胁。信用卡欺诈最令人不安的一个方面与日益增长的身份窃取现象有关,而身份窃取很容易通过伪造文件或盗用身份文件的数字副本(例如,通过数据泄露、网络钓鱼和其他来源)来实现。

信用卡欺诈的处理

然而,随着时间的推移,基于以上讨论,金融机构引入了预防欺诈的措施:事实上,金融机构推出了基于双因素认证的安全措施,通过 SMS 向客户的手机号码发送一个 OTP 码,整合了传统认证程序,以预防支付工具的滥用。

但事实是,这些措施仍然不够,金融机构因信用卡欺诈而遭受的金钱损失仍达数十亿美元之多。因此,减少这些损失最有效的预防措施是基于欺诈检测和预防的程序。

与信用卡欺诈检测和预防相关的分析相当复杂,这也为使用 ML 和大数据分析技术的不同分析方法提供了应用的机会。

欺诈检测和预防既需要集成不同的活动分析,又需要集成异构数据源,针对这一情况,本章将探讨使用云计算平台(运用 IBM Watson 平台提供的工具)的优势。

我们采用一种利用预测分析的检测方法,预测分析包括了认知计算等创新的方法。

用于欺诈检测的机器学习

信用卡行业欺诈检测算法程序的引入代表了预测分析领域的一个重要测试平台(将在稍后见到)。在此领域最早进行的科学研究中,必须提到 Andrea Dal Pozzolo 的论文 *Adaptive Machine Learning for Credit Card Fraud Detection*(可在 `https://dalpozz.github.io/static/pdf/dalpozzolo2015phd.pdf` 查看),它广泛地揭示了如何有效地利用 ML 算法进行信用卡欺诈检测,是该领域最透彻的科学研究之一。

选择和设计合适的信用卡欺诈检测算法具有以下特点:

- 欺诈交易相关的数据通常难以得到,这是因为由于担心声誉受损以及需要遵守保密规定,金融机构不愿传播此类信息。
- 从技术角度来看,欺诈数据通常表现为非平稳分布,即数据会随着时间的推移而发生变化,这种变化也可能是由用户消费行为的改变而引起的。

- 由于欺诈通常只占总交易的一小部分,交易分布严重不平衡,因此交易分布呈现出对真实交易的高度偏离。事实上,我们通常只能对实际检测到的欺诈进行评估,而难以估计未被检测到的欺诈(漏报)数量。此外,欺诈常常会在实际发生很长时间后才被发现。

上述欺诈交易内在特征的不恰当表述给检测和预防算法的选择和设计带来了挑战,例如:

- 在数据分析中使用采样策略;在分布不平衡的情况下,选择欠采样/过采样策略可能更有用。
- 在识别欺诈警报中集成操作人员产生的反馈。在随时间的推移而变化的非平稳数据的情况下,这种方法对于改进算法的学习过程尤其重要。

所有这些都转化为欺诈检测和预防系统的开发,该系统能够集成大数据分析、ML 算法和操作人员的反馈。因此,云计算架构显然是最合适的选择。

欺诈检测和预防系统

信用卡欺诈有多种可能的场景,包括:

- **信用卡盗窃**:这是实际中最常见的情况,犯罪分子会在短时间内尽可能多地偷钱或花钱。这种活动是有噪声的,能通过对信用卡合法持有人的消费习惯进行异常或非常规模式检测来识别。
- **信用卡滥用**:与上述情况不同,欺诈者无需实际持有信用卡,只要知道与信用卡相关联的有关信息(识别码、PIN、个人身份证号、卡号、设备代码等)就足够了。这是最阴险的欺诈场景之一,因为它是在隐蔽模式下进行的(与以上场景相比,它没有噪声),而且信用卡的合法持有者通常并不知道背地里正在进行的欺诈活动。
- **身份窃取**:在这种情况下,基于虚假个人信息或利用不知情的第三方的个人信息发放信用卡,这些第三方会发现自己被收取服务费以及需要支付以自己名义进行的取款和付费。

需要牢记的是,随着与金融机构采用的金融服务和技术相关的流程和产品的创新,这些欺诈场景也会随着时间的推移而变化。

同样,根据信用卡发卡机构为预防和打击欺诈而采取的技术措施的变化,欺诈者也会调整其行为。

要正确实现一个**欺诈检测和预防系统（Fraud Detection and Prevention System，FDPS）**，有必要区分与信用卡欺诈管理有关的两项活动：

- **欺诈检测**：这是一套旨在正确且可靠地识别欺诈案件的程序，在欺诈行为发生后实施。
- **欺诈预防**：这是一套旨在有效预防欺诈发生的程序，在欺诈发生前实施。

这两项活动所实现的程序类型不同，开展的时间也不同。具体如下：

- 在欺诈预防的情况下，分析程序可以采用基于规则的警报系统，这些规则由该领域的专家来设置（而且，需要操作人员不断地进行微调），或者利用基于数据挖掘、机器学习、神经网络等的高级分析技术，通过这些技术可自动发现数据分布中存在的异常模式。
- 在欺诈检测的情况下，分析程序旨在根据可用数据对欺诈进行正确分类，从而将其与真正的交易区分开来。

FDPS 实现的一个重要方面在于，不仅其获取的结果要可靠，还要考虑其成本效益。若实现成本大于欺诈造成的损失，那么采用 FDPS 就没有意义了！

在欺诈检测和欺诈预防之间需要进行权衡，如果无法预防欺诈，就必须尽快地检测出欺诈。

同样，这两项活动都要最小化误报数（即在实际合法的情况下被视为欺诈的交易数），并避免因误报而导致的自动反应，从而导致对正常用户拒绝服务（如交易合法但信用卡却被自动冻结）。

操作人员执行的检查的可扩展性差，使误报管理更加复杂；如果由操作人员进行控制，往往对正确识别真实欺诈具有决定性作用，但对所有交易都进行系统的人工控制就可能矫枉过正了。

因此，正确地实现自动检测和预防程序来支持操作人员的分析已经变得至关重要。

通过本章，我们将看到如何利用已有的算法解决大数据管理中的难题，这些数据的分布通常是不平衡的，并且由于客户购买习惯的改变而不断变化。

在以下各节中，将研究在实现自动化预测模型时可以采取的策略，分析专家驱动策略和数据驱动策略之间存在的差异。

专家驱动预测模型

专家驱动方法指基于该领域专家建立的规则实现预测模型(由此,专家驱动方法也被称为基于规则的方法)。

这些规则遵循 if...then...else 形式的逻辑条件,旨在表示不同欺诈场景以及在对交易数据进行检查后自动采取的相关对策。

因此,一个可能的规则为,超过一定金额以及超过特定日购买频率(与客户购买习惯的历史记录相比)的所有信用卡交易都是欺诈性交易,具体如下:

```
IF amount >  $ 1,000 AND buying_frequency >  historical_buying_frequency THEN
fraud_likelihood =  90%
```

如果后续交易在彼此相距很远的地理位置上执行,规则如下所示:

```
IF distance(new_transaction, last_transaction) >  1000 km AND time_range <
30 min THEN block_transaction
```

第一个可以看作一个评分规则,第二个则是一个阻止规则。

评分规则旨在基于共同经验的规则并通过对超过特定阈值的事件进行分类来估计与交易相关的欺诈概率。

由于阻止规则并不局限于估计欺诈概率,因此其更具限制性。阻止规则的目的是在交易完成前拒绝授权交易,因此阻止规则必须基于更严格的逻辑条件(如在我们的示例中,如果执行地点之间的距离大于 1 000 千米,则在前一个交易后不到半小时内发起的交易将被拒绝。我们有理由认为同一位客户无法在如此短的时间内物理移动至相距如此遥远的地方)。

基于规则的预测模型具有以下优点:

• 警报实现简单
• 警报理解容易
• 警报具有更好的可解释性

专家驱动预测模型的缺点也同样明显：

- 判断主观,可能随实现这些判断的专家的不同而有所不同
- 只能处理少数重要的变量及其相互关系
- 基于以往的经验,无法自动识别新的欺诈模式
- 为了考虑到欺诈者采用的欺诈策略的演变,需要专家手动对规则进行持续的人工微调

因此,这些缺点推动了采用数据驱动预测模型。

数据驱动预测模型

数据驱动预测模型利用自动学习算法,试图基于数据驱动学习方法,不断更新检测和预防程序,并基于动态识别的行为模式调整其预测。

数据驱动预测模型中使用的算法源自定量分析的不同领域,从统计学开始,以数据挖掘和 ML 结束,其目标是学习数据中隐藏或潜在的模式。

ML 算法在数据驱动预测模型的实现中的特殊作用显而易见;ML 使得基于对数据进行的训练来确定预测模型成为可能。

此外,ML 在欺诈检测领域的使用有多个优点：

- 分析多维数据集(具有大量特征,代表欺诈的可能解释变量)的能力
- 关联各种识别特征的能力
- 动态更新模型的能力,使其适应欺诈者所采用策略的变化
- ML 采用数据驱动方法,实时利用大量数据(大数据)

有鉴于此,数据驱动预测模型通常比基于规则的模型更健壮和更有可扩展性。

然而,与基于规则的模型不同,数据驱动预测模型通常表现得像黑盒,这意味着它们生成的警报难以解释和验证(例如面对客户发出的澄清请求,这些客户的交易基于算法做出的自动决策而被拒绝)。

同样,数据本身的性质也会导致正确实现算法的困难。就信用卡而言,交易分布呈现出重要的不规则性,如不平衡、非平稳和偏态分布。因此,有必要谨慎地选择能有效处理这些不

规则性的机器学习算法。

尤其是在非平稳数据(即随着时间的推移,数据特征会随着客户购买行为的变化而变化)的情况下,必须适时地更新算法的学习参数,重视最新数据或忽略过时样本。

数据驱动预测模型的一个毋庸置疑的优势是能够在预测中集成操作人员的反馈,从而提高程序的精确度。

实际上,在欺诈情况的正确分类方面,操作人员的反馈具有更高的可靠性,因此减少了漏报(即可能未被检测到的欺诈)的数量,并可自动集成至数据驱动预测模型中。

相反,针对操作人员的反馈,基于规则的模型需要进行手动修改。

下面将会看到将专家驱动预测模型和数据驱动预测模型的优势结合起来加强了 FDPS 的优势。

FDPS——两全其美

因此,在 FDPS 中可以结合使用专家驱动和数据驱动的预测模型,以利用这两种方法的优势,通过减少误报和漏报来提高预测的准确性。

基于规则的模型通常可以减少漏报数,尽管这是以增加误报数为代价的,将其与数据驱动模型结合,则可能通过减少误报数来改进预测。

此外,正如我们所见,数据驱动模型允许把操作人员的反馈与其他大数据源集成起来,从而有助于动态更新 FDPS。

FDPS 的自动维护和微调活动需要采用机器学习算法来实现,这些算法能从海量数据中自主学习新的预测模式。

正如前文所述,与信用卡交易相关的统计分布表现为非平稳数据(数据特征会随消费习惯的改变而改变),统计分布也向代表合法交易的较大类别的数据偏斜,不会偏向代表欺诈的较小类别的数据。

这是由于,相对于交易总数,欺诈案件数极少(此外,欺诈交易的检测通常需要更长的时间,因此欺诈交易的类别通常较小)。

并非所有的 ML 算法都能很好地管理同时具有非平稳和不平衡特征的数据。因此,有必要选择适当的算法以获得可靠且精确的预测。

非平衡和非平稳数据的学习

在第 1 章中介绍了机器学习算法如何被分为有监督学习和无监督学习,尽管产生这两类算法的假设不同,但对于信用卡欺诈检测来说,如此分类仍然有效。这是因为在预测可靠性和准确性方面,它们具有重要影响。

使用监督学习算法时,假定有一个已分类样本(标记样本)的数据集可用,即每个样本都提前与两个可能的类别(合法或欺诈)中的一个相关联。

因此,基于此信息对监督算法进行训练,并把训练样本的先前分类作为进行预测的条件,这可能导致漏报的增加。

另一方面,无监督算法无法从任何关于样本数据(未标记样本)可能分类的先前信息中获益,因此必须独立地推断出数据可能的分类,这样会更易于产生误报。

非平衡数据集的处理

对于信用卡交易,数据的分布既不平衡也不平稳。

解决非平衡数据分布问题的一个办法是在进行算法训练之前对分类进行重新平衡。

通常,通过对数据集的欠采样和过采样来实现重新平衡样本分类。

本质上,欠采样就是随机地移除一些属于某一类的观测数据,以降低其相对稠度。

在分布不平衡的情况下,如那些与信用卡相关的交易,如果从主类(代表合法交易)中随机地排除样本,就可以合理地认为数据的分布不会因为数据的移除(可以可靠地认为是冗余的)而发生本质变化。

然而,这样总是会冒着排除那些包含相关信息的数据的风险。因此并不需要立即确定正确的采样级别,因为它取决于数据集的具体特征,所以需要采用自适应的策略。

另一种数据采样策略是过采样,即通过在较小类别中生成合成样本以增加其规模。

过采样技术的缺点包括引入过拟合的风险以及增加模型的训练时间。

非平稳数据集的处理

为了处理数据分布的非平稳性,可能需要加大操作人员反馈的权重,这有助于改善监督样本的分类。

因此,对于非平稳数据,采用分类器组合(集成学习)可能有用,这些分类器分别对不同的样本进行训练,可以提高总体预测精度。

通过集成不同的分类器,可以将新观测获得的知识与先前获得的知识进行组合,根据分类能力对每个分类器进行加权,并排除那些不再具有表示数据分布随时间变化的能力的分类器。

信用卡欺诈检测的预测分析

为了充分解决欺诈检测问题,有必要开发预测分析模型,即运用数据驱动方法来识别数据内部趋势的数学模型。

描述性分析[其范式由**商业智能(Business Intelligence,BI)**构成]局限于根据描述性统计(如总和、平均值、方差等)得出的度量对过去的数据进行分类,能精确地描述被分析数据的特征;与描述性分析不同,预测分析通过观察现在和过去的情况,试图发掘自身规律,从而以一定的概率去预测未来事件。预测分析通过推断分析数据中的隐藏模式来做到这一点。

预测分析是数据驱动的,基于对大量可用数据的分析(大数据分析),利用数据挖掘和 ML 技术进行预测。

在下面各小节中,将介绍如何开发用于分析信用卡欺诈的预测分析模型。具体内容如下:

- 利用大数据分析整合不同来源的信息
- 组合不同的分类器(集成学习)以改善预测性能
- 使用 bagging 和 boosting 算法开发预测模型
- 运用采样技术重新平衡数据集,从而提高预测精度现在就从利用大数据分析在开发预测模型以管理信用卡欺诈检测方面的优势开始。

在欺诈检测中应用大数据分析

组织通常采用的利用了基于关系数据库和数据仓库的数据架构的传统 ETL 解决方案,无疑足以根据描述性分析(BI 报告)完成报告,但它不能按照典型的预测分析的数据驱动方法管理大量数据。

因此,有必要采用允许通过使用函数式编程范例(例如 MapReduce、NoSQL 原语等)来实现处理可扩展性的数据架构。

利用大数据分析技术,并将其与 ML 和数据挖掘算法相结合,可实现自动化欺诈检测。

采用大数据分析的范式有助于组织最大限度地利用其来自不同(通常是异构的)数据源的信息资产。这允许实现高级形式的环境感知,可用于实时地调整检测程序以适应环境变化。

众所周知,非法活动往往相互关联,要想全面了解正在进行的欺诈活动,就必须持续监测可获得信息的不同来源。

云计算平台的运用促进了数据的实时监控和分析,也使得各种数据源的聚合成为可能。试想一下,例如,将组织内部产生的数据和信息与网站、社交媒体和其他平台上的公开可用数据整合起来。通过整合这些不同的信息来源,可重构要监控的金融交易环境(例如,通过社交媒体,可以发现信用卡持有人当前所处地理位置与正在进行信用卡交易的位置相距甚远)。

同样,整合不同的数据源可以扩展数据集的特征,即在数据集中那些已有变量中引入新变量,这些变量可以描述合法持卡人的行为,并与欺诈者的行为进行比较。

例如,可以把新变量添加到已有变量中,这些新变量包括如上一时间段的平均支出水平、日常购买次数及经常购买的商店(包括电商网站)等重新计算的值。

通过这种方式,可以不断更新客户资料,及时发现行为和固有消费习惯中可能出现的异常。

集成学习

前文已经提到,在非平稳数据的情况下,从数据转向算法,与简单地使用单个分类器来提高整体预测精度相比,引入一个分类器组合可能更有用。

因此,集成学习的目的是组合不同的分类算法,以获得比使用单个分类器更好的预测性能。

要理解为什么集成分类器比单个分类器表现得更好,可以想象有一定数量同一类型的二元分类器,其特征是能够在 75% 的情况下做出正确预测,而在其余 25% 的情况下做出错误预测。

通过使用组合分析和二项式概率分布(因为考虑的是二元分类器),可以证明,与单个分类器相比,使用集成分类器获得正确预测的概率会提高(而错误概率会降低)。

例如,若将 11 个二元分类器组合在一起(集成学习),错误率将降低至 3.4%(相比之下,单个分类器的错误率则为 25%)。

 正式演示请参阅 Packt 出版的由 Sebastian Raschka 撰写的(*Python Machine Learning*, *Second Edition*)。

有几种组合分类器的方法,使用多数投票(也称为**多数投票原则**)是其中一种。

多数投票原则是指在单个分类器做出的预测中,选择出现频率最高的那个结果。

用正式术语来说,这就转化为位置统计量的计算,称为模式,即达到最高频率的分类。

假设有 n 个分类器 $C_i(x)$,需要确定投票最多的预测值 y,即被大多数单个分类器认可的预测值。可用以下公式表示:

$$y = \text{mode}[C_1(x), C_2(x), \cdots, C_n(x)]$$

显然,可以在可用的不同类型算法(如决策树、随机森林、**支持向量机**等)中选择单个分类器。

同时,还有几种创建集成分类器的方法,如下所示:

• bagging[自助聚合(bootstrap aggregating)]

- boosting
- stacking

利用 bagging 方法,通过选择不同的训练集并对训练集应用自助重采样技术,可以减小单个估计量的方差。

通过 boosting,可以创建一个减小单个分类器偏差的集成估计器。最后,利用 stacking 方法,将异构估计器得到的不同预测结果组合起来。

在以下各节中,将分析创建集成估计器的不同方法。

bagging（自助聚合）

术语 bootstrap(自助)是指将已应用于数据集的数据重新放回进行采样的操作。因此,bagging 方法将单个估计器与自助采样相关联,通过对单分类器应用多数投票原则来实现集成估计。

自助采样的数目可以预先确定,也可以通过验证数据集进行调整。

在放回采样有助于重新平衡原始数据集,从而减少总方差的情况下,bagging 方法尤其有用。

boosting 算法

另一方面,boosting 方法使用从数据中提取的加权样本,根据上一个单个分类器给出的分类误差反复调整其权值,以减小估计偏差。

设定权值时,应对最难分类的观测值给予更大的重要性(权重)。

自适应 boosting(AdaBoost)是最著名的 boosting 算法之一,其中第一个分类器直接在原始训练集上训练。

然后对第一个分类器错误分类的数据,增加其相关的权重,在权重更新的数据集上训练第二个分类器,依此类推。当单个估计器达到预定数量或找到最佳预测值时,迭代过程结束。

AdaBoost 的主要缺点是由于采用了顺序学习策略,该算法不能并行执行。

stacking

stacking(叠加)方法之所以得名,是因为集成估计器是由两层叠加而成的,其中第一层由单个估计器组成,其预测值被转发给下一层,而在下一层,另一个估计器负责对接收到的预测值进行分类。

与 bagging 和 boosting 方法不同,stacking 可以使用不同类型的基估计器,继而,预测可以使用与前述算法不同类型的算法进行分类。

下面看一些集成估计器的示例。

bagging 示例

在下面的示例中,使用 Python scikit-learn 库来实例化 BaggingClassifier 类的一个对象,它作为参数和 DecisionTreeClassifier 类型的基分类器传递,使用 n_estimators 参数设置要实例化的 DecisionTreeClassifier 类型的基估计器的数目。

可在 BaggingClassifier 类型的 **bagging** 实例上调用 fit()和 predict()方法,这些方法通常在普通分类器上被调用。

我们已经知道,bagging 方法使用了放回采样。因此,可以设置与每个基估计器相关联的最大样本数(使用 max_samples 参数并将 bootstrap 参数设置为 True 来激活 bootstrap 机制),如下例所示:

```
from sklearn.tree import DecisionTreeClassifier
from sklearn.ensemble import BaggingClassifier

bagging = BaggingClassifier(
        DecisionTreeClassifier(),
        n_estimators = 300,
        max_samples = 100,
        bootstrap = True
    )
```

使用 AdaBoost 的 boosting

以下是 boosting 方法的一个示例,实例化 scikit-learn 库中 AdaBoostClassifier 类型的一个对象,该对象实现了 AdaBoost 算法。此示例采用 DecisionTreeClassifier 类的实例作为基估计器,使用 n_estimators 参数设置基估计器的数目:

```
from sklearn.tree import sDecisionTreeClassifier
from sklearn.ensemble import AdaBoostClassifier
adaboost = AdaBoostClassifier(
        DecisionTreeClassifier(),
        n_estimators = 300
    )
```

另一种广泛使用的 boosting 算法是**梯度 boosting** 算法。要了解梯度 boosting 算法的特性,首先要引入梯度的概念。

引入梯度

用数学术语来说,梯度表示在 n 维空间中一个给定点上计算的偏导数。它还表示所考虑点的切线(斜率)。

在机器学习中,为了减少算法产生的预测误差,梯度被用来最小化代价函数,例如最小化算法的估计值和观测值之间的差值。

使用的最小化方法为梯度下降法,这是一种优化分配给输入数据的权值组合,以获得估计值与观测值之间的最小差值的方法。

因此,梯度下降法对各个权值计算偏导数,并根据这些偏导数更新权值本身,直到达到与所求最小值对应的偏导数的平稳值。

梯度下降公式及其图形表示如图 7-1 所示。

问题在于,梯度下降法返回的最小值可以对应于全局最小值(即无法进一步最小化),但它更可能对应于局部最小值;问题在于,梯度下降法无法确定是否已达到局部最小值,因为在

$$\theta_1 := \theta_1 - \alpha \frac{\partial}{\partial \theta_1} J(\theta_1)$$

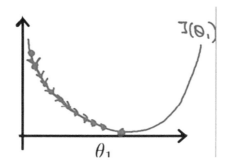

图 7 - 1　梯度下降公式及其图形表示

（图片来源：Wikipedia，网址为 https://commons.wikimedia.org/wiki/File：Gradient_descent.jpg）

达到平稳值时优化过程就会停止。

图 7 - 2 展示了梯度下降优化方法。

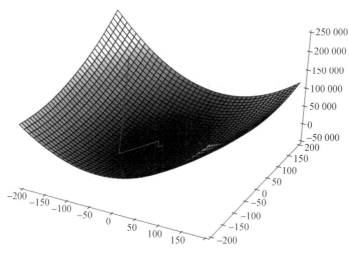

图 7 - 2　梯度下降优化方法

（图片来源：Wikipedia，网址为 https://commons.wikimedia.org/wiki/File：Gradient_descent_method.png）

现在来学习梯度 boosting 算法的特性。

梯度 boosting

与 AdaBoost 算法类似,梯度 boosting 算法也根据估计器返回的值迭代地校正估计器;采用梯度 boosting 算法时,调整基于前一估计器产生的残差进行,而不是基于分配的权重(在 AdaBoost 的情况下)。

接下来,展示一个使用 scikit-learn 库的 GradientBoostingClassifier 类的示例。

默认估计器由决策树表示,在参数中指定决策树的特性(如 max_depth,它确定决策树的深度)。

此外,请注意 learning_rate 参数,它必须与 warm_start 参数一起考虑。

对 learning_rate 参数的赋值确定了每个估计器对集成分类器的贡献,如果赋值较低,则需要更多的估计器(用 n_estimators 参数来设置)对训练集进行拟合。

在确定赋予 learning_rate 和 n_estimators 参数的最优值时,必须考虑有关过拟合的问题(即模型对训练数据过度拟合可能导致的泛化误差)。解决这些问题的一种方法是设置 warm_start = True 参数,它可以决定训练阶段是否可以早停止,如以下代码段所示:

```
from sklearn.ensemble import GradientBoostingClassifier

gradient_boost = GradientBoostingClassifier(
        max_depth= 2,
        n_estimators= 100,
        learning_rate= 1.0,
        warm_start= True
    )
```

极端梯度 boosting(XGBoost)

XGBoost(eXtreme Gradient Boosting)算法与梯度 boosting 类似。它是梯度 boosting 的扩展,具有更高的可扩展性,被证明更适用于管理大量的数据。

XGBoost 还使用梯度下降法来最小化估计器的残差,并且特别适用于并行计算(这一特性使其更适用于云计算)。

当我们在 IBM Cloud 平台上使用 IBM Watson 实现信用卡欺诈检测时,将很快见到 XG-Boost 算法的实际应用。

非平衡数据集的采样方法

在进入欺诈检测的操作阶段之前,最后一个需要考虑的方面就是非平衡数据的处理。

前面已经提到过,信用卡交易的特征之一是数据分布不平衡,偏向于真实交易。

为了处理数据中的这种不对称性,可以使用不同的采样方法来重新平衡交易数据集,使得分类器能表现得更好。

最常用的两种采样模式是欠采样和过采样。欠采样可从数量最多的类别(在我们的示例中为合法交易类)中移除一些随机样本,过采样则是在出现次数最少的类别中添加合成样本。

使用 SMOTE 进行过采样

在过采样方法中,**合成少数类过采样技术**(Synthetic Minority Over-sampling Technique,**SMOTE**)允许通过对需要过采样的分类的现有值进行插值来生成合成样本。

实践中,根据每个类中样本确定的簇来生成合成样本,因此可以采用 **k 近邻**(kNN)**算法来实现**。

根据重新平衡分类所需的合成样本数,随机选择多个 k-NN 簇,通过对所选簇内的值进行插值来生成合成样本。

采样示例

以下示例取自 Python `imbalanced-learn` 库的官方文档,该库实现了欠采样和过采样等算法。

下面是一个使用 `RandomUnderSampler` 类的欠采样技术的示例:

```
# 取自 imbalanced- learn 库文档:
```

```
#
https://imbalanced- learn.readthedocs.io/en/stable/generated/imblearn.under_
sampling.RandomUnderSampler.html

from collections import Counter
from sklearn.datasets import make_classification
from imblearn.under_sampling import RandomUnderSampler
X, y = make_classification(n_classes= 2, class_sep= 2,
  weights= [0.1, 0.9], n_informative= 3, n_redundant= 1, flip_y= 0,
n_features= 20, n_clusters_per_class= 1, n_samples= 1000, random_state= 10)
print('Original dataset shape % s' % Counter(y))

rus = RandomUnderSampler(random_state= 42)
X_res, y_res = rus.fit_resample(X, y)
print('Resampled dataset shape % s' % Counter(y_res))
```

下面是一个使用 SMOTE 类的过采样技术的示例：

```
#  取自 imbalanced- learn 库文档：
#
https://imbalanced- learn.readthedocs.io/en/stable/generated/imblearn.over_s
ampling.SMOTE.html

from collections import Counter
from sklearn.datasets import make_classification
from imblearn.over_sampling import SMOTE

X, y = make_classification(n_classes= 2, class_sep= 2,
    weights= [0.1, 0.9], n_informative= 3, n_redundant= 1, flip_y= 0,
    n_features= 20, n_clusters_per_class= 1, n_samples= 1000,
    random_state= 10)
print('Original dataset shape % s' % Counter(y))
Original dataset shape Counter({1: 900, 0: 100})

sm = SMOTE(random_state= 42)
X_res, y_res = sm.fit_resample(X, y)
print('Resampled dataset shape % s' % Counter(y_res))
Resampled dataset shape Counter({0: 900, 1: 900})
```

了解 IBM Watson Cloud 解决方案

下面来了解市面上最有趣的基于云的可用解决方案之一，看一看实际信用卡欺诈检测的具体示例。这就是 IBM Watson Cloud 解决方案,其中引入了认知计算这一创新概念。

通过认知计算,可以模拟典型的人类模式识别能力,从而获取足够的环境感知来进行决策。

IBM Watson 可成功地用于各种实际场景,例如:

- 增强现实
- 犯罪预防
- 客户支持
- 人脸识别
- 欺诈预防
- 医疗保健和医学诊断
- 物联网
- 语言翻译与**自然语言处理**(**NLP**)
- 恶意软件检测

在详细介绍 IBM Watson Cloud 平台之前,先看一下云计算和认知计算的相关优势。

云计算的优势

随着更高带宽网络的普及,再加上低成本的计算机和存储设备,云计算的架构模型迅速得到了应用,这也要归功于软件和硬件方面都可以提供虚拟化解决方案。

云计算的核心要素是架构的可扩展性,这是决定其获得商业成功的要素。

采用云计算解决方案的组织已经成功地优化了 IT 部门的投资,从而提高了利润率;这些接受云解决方案的组织不必被迫根据最坏的情况来确定其技术基础设施的规模(即考虑到工作负荷峰值的情况,即使只是暂时的),已经从按需模型中受益,从而减少固定成本并将其转化为可变成本。

技术投资质量的改善使各组织能够集中精力管理和分析构成企业信息资产的数据。

实际上,云计算可以有效地存储和管理大量数据,确保高性能、高可用性和低延迟。为了提供这些访问和性能上的保证,需要在分布于不同地理区域的服务器上存储和复制数据。此外,通过对数据进行分区,可获得与架构的扩展性相关的优势。

更具体地说,可以通过向架构中添加资源来管理不断增加的工作负载,以此来实现可扩展性——成本以线性方式增加,即增加的成本与添加的资源数成正比。

实现数据可扩展性

基于关系数据库和数据仓库的传统架构的问题之一是,与爆炸性增长的数据相比,这些解决方案无法很好地进行扩展。此类架构在设计阶段就需要考虑到足够的规模。

因此,随着大数据分析的普及,有必要转向其他数据存储范式,即**分布式存储系统**,以精确地预防数据管理和存储中的瓶颈。

云计算广泛使用分布式存储系统来分析大量数据(大数据分析),甚至在流模式下也是如此。

分布式存储系统由非关系数据库组成,这些数据库被定义为 NoSQL 数据库,以键-值对的形式存储数据。通过遵循 MapReduce 等函数式编程范式,允许在多个服务器上以分布式模式管理数据。这进而允许并行执行数据处理,充分利用云提供的分布式计算能力。

使用 NoSQL 数据库管理数据的方式灵活,无需随着分析的变化重组其整体结构。

然而,基于关系数据库的传统解决方案几乎需要重新配置数据档案的整个结构,这会导致在较长时间内无法使用数据。这种方案难以满足根据业务决策实时验证预测模型精确度的需要,这一点对网络安全领域的决策也特别重要。

云交付模型

架构的可扩展性以及按需模式的管理资源能力,允许供应商提供不同的云交付模型:

- **基础设施即服务(Infrastructure as a Service,IaaS)**:供应商部署 IT 基础设施,例如存储能力和网络设备
- **平台即服务(Platform as a Service,PaaS)**:供应商部署中间件、数据库等
- **软件即服务(Software as a Service,SaaS)**:供应商部署完整的应用程序

IBM Cloud 平台提供了一个交付模型,包括 IaaS 和 PaaS,以及一系列可以集成到组织开发的应用程序中的云服务,例如:

- **视觉识别**：这使得应用程序能够定位图像和视频中包含的诸如目标、人脸和文本等信息；平台提供的服务包括检查预训练模型的可用性以及使用企业数据集进行训练的机会。
- **自然语言理解**：此服务可以基于文本分析提取有关情感的信息，如果你想从社交媒体中提取信息（如了解信用卡持有人在用其信用卡进行交易时是否真的在国外度假），这一服务就特别有用。该服务可以识别有关人员、地点、组织、概念和类别的信息，并可通过 Watson Knowledge Studio 根据公司感兴趣的特定应用领域进行调整。

IBM Cloud 平台还为开发应用程序提供了一系列高级工具：

- **Watson Studio**：允许管理项目并为团队成员之间的协作提供工具。使用 Watson Studio，可添加数据源、创建 Jupyter Notebook、训练模型以及使用许多其他有助于数据分析的功能，例如数据清除功能。我们马上就有机会加深对 Watson Studio 的了解。
- **Knowledge Studio**：允许根据公司的特定需求开发定制模型；一旦完成开发，这些模型就可以使用 Watson 服务，作为预定义模型的补充或替代。
- **Knowledge Catalog**：允许管理和共享公司数据；该工具还可执行数据清理和规整操作，从而通过安全策略分析数据访问权限。

有了 IBM Cloud 平台提供的各种优势，毫无疑问可以实现利用认知计算的高级解决方案。下面来看看认知计算是什么。

增强认知计算能力

从一开始，人工智能的传播就伴随着过度且不合理的担忧，许多作家和评论员都曾预言世界末日的场景：机器（在不太遥远的未来）将凌驾于人类之上。此类灾难必将随着 AI 的兴起而变为现实。

现实是，尽管计算机取得了惊人的成就，但它们仍然只是愚蠢的博学者。

毫无疑问，计算机的计算能力超过人类好几个数量级。IBM Watson 在世纪之战中击败了当时的国际象棋世界冠军 Garry Kasparov，这似乎宣告了使用 AI 最终战胜人类认知能力的胜利。

然而，尽管计算能力有限，但在适应能力、互动能力、判断能力等一系列技能方面，人类仍然处于不败之地。

例如,人类可以一眼就认出一个人(或一个物体),而无需经过大量样本数据的训练,只需一张照片(或身份证件)就足以在人群中认出此人。计算机还远没有达到这样的专业水平。

因此,这不是用机器代替人类的问题;相反,最有可能出现的场景是人与机器之间更加紧密地合作,以一种日益普遍的方式整合彼此的技能。

这就是认知计算的意义:将人类的能力与计算机的计算能力结合起来,共同面对当代社会日益增长的复杂性。

在这种共生关系中,机器为人类提供巨大的计算能力和不竭的记忆力,从而增强人类的判断、直觉、同理心和创造力。

从某种意义上说,通过认知计算,机器不仅放大了人类的五种自然感觉,还增添了第六种人工感觉:环境感知。

前面已提多次提及,我们遇到的主要困难之一,尤其在网络安全领域,是如何从手头的多元、分散且碎片化的信息出发,重建出一个精确的整体图景。

面对不断地从各种数据源接收到的过多数据和信息,人类的能力无所适从;大数据分析超越了人类分析的能力,可以从无数个维度(由许多不同的特征以及大量数据构成)表征数据。

不过,大数据让我们可以定义语义环境,以便我们进行分析;通过增加无数的人工传感器,这就好像增强了人类的感知能力。

只有利用机器的计算能力才能不断地过滤来自人工传感器的大量信息,人类利用判断能力和直觉理解这些信息,并给出这些信息的整体意义。

在云平台中导入样本数据并运行 Jupyter Notebook

现在来学习如何使用 IBM Watson 平台。如果还没有账号的话,需要做的第一件事就是创建一个账号,只需连接到 IBM Cloud 平台主页(https://dataplatform.cloud.ibm.com/),如图 7-3 所示。

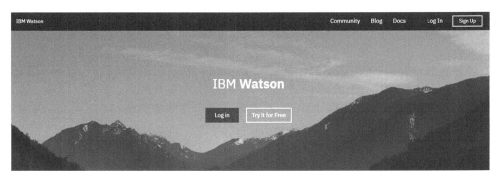

图 7 - 3　IBM Watson 主页

要继续注册,选择 **Try it for free**(注册),如图 7 - 3 所示。网页将自动重定向至注册表单,如图 7 - 4 所示。

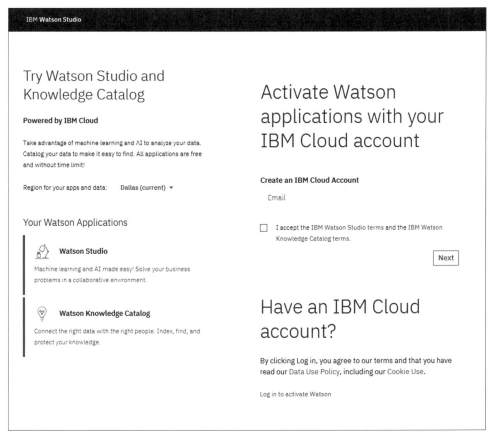

图 7 - 4　IBM Watson 注册页面

一旦注册完成,就可重新从主页登录,如图 7 - 5 所示。

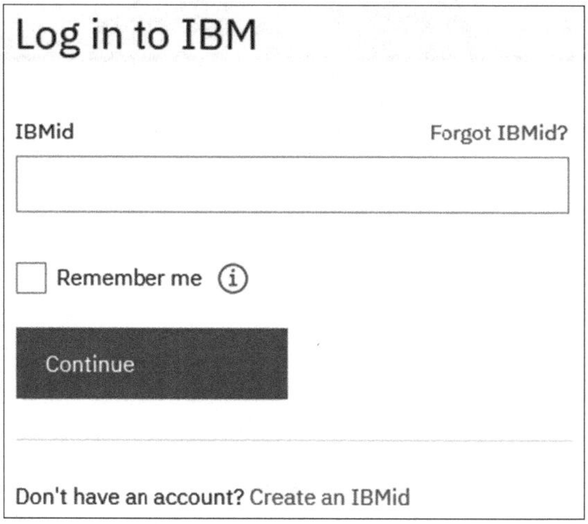

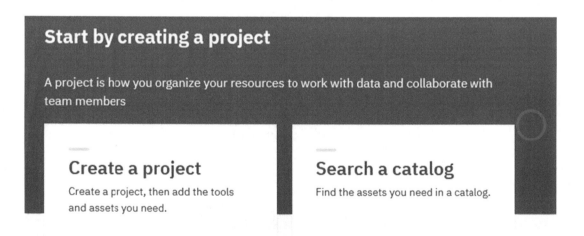

图 7 - 5　IBM Watson 登录界面

登录后,可创建一个新项目,如图 7 - 6 所示。

图 7 - 6　Start by creating a project(从创建项目开始)界面

选择要创建的项目类型,如图 7 - 7 所示。

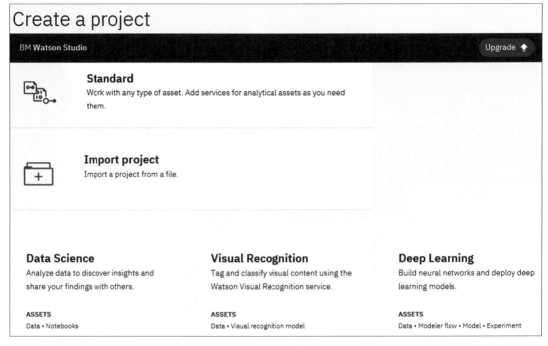

图 7 - 7　项目选择

本例将选择 **Data Science**(**数据科学**),如图 7 - 8 所示。

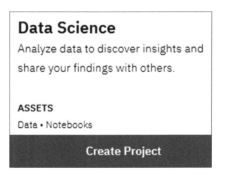

图 7 - 8　Data Science 项目

项目命名为 CREDIT CARD FRAUD DETECTION(或选择其他名称),如图 7 - 9 所示。

图 7 - 9　New project(新项目)界面

现在,可通过选择 Add to project(添加到项目) │ Data(数据)为项目添加数据集,如图 7 - 10 所示。

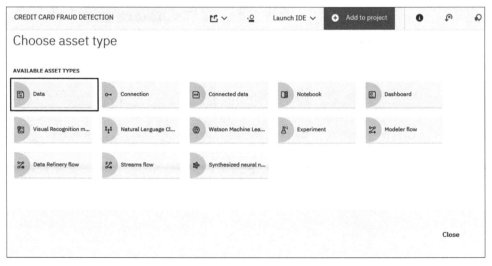

图 7 - 10　添加数据

要添加数据集,只需单击 **Find and Add Data(查找和添加数据)** 并转到 **Files(文件)** 选项卡,然后单击数据文件,从你的计算机添加数据。

我们将使用的数据集是信用卡数据集,可从 `https://www.openml.org/data/get_csv/ 1673544/phpKo8OWT` 下载.csv 格式的数据集。

信用卡数据集已经在公共领域(`https://creativecommons.org/publicdomain/mark/1.0/`)许可(`https://www.openml.org/d/1597`)下发布,并归功于 Andrea Dal Pozzolo、Olivier Caelen、Reid A.Johnson 和 Gianluca Bontempi 在 2015 年 IEEE 组织的**计算智能和数据挖掘(Computational Intelligence and Data Mining, CIDM)** 研讨会上合作发表的论文 *Calibrating Probability with Undersampling for Unbalanced Classification*。

数据集包含 31 个数值型输入变量,如时间(表示每笔交易间隔的时间)、交易金额和类别特征。

类别特征是一个二元变量,取值为 1 和 0(分别表示欺诈和合法交易)。

数据集的主要特点是高度非平衡,欺诈仅占所有交易的 0.172% 。

添加数据集后,可选择 **Add to project** | **Notebook** 将一个 Jupyter Notebook 添加到项目中,如图 7 - 11 所示。

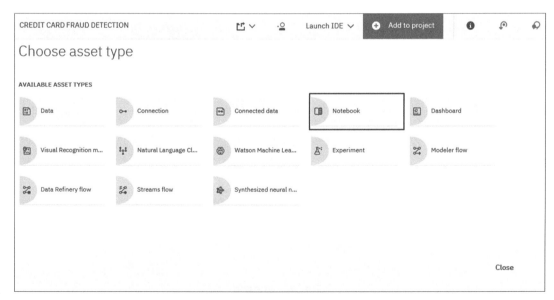

图 7 - 11 添加 Notebook

要创建 Jupyter Notebook,请执行以下步骤:

1. 单击创建一个 Notebook。

2. 选择选项卡。

3. 输入 Notebook 的名称。

4. (可选)输入 Notebook 的描述。

5. 输入 Notebook 的 URL:https://github.com/IBM/xgboost- smote- detect-
fraud/blob/master/ notebook/Fraud_Detection.ipynb。

6. 选择 **Runtime(运行时)**。

7. 单击 **Create(创建)**。

恭喜! 你已成功完成了项目配置,并准备好在 IBM Cloud 平台上使用 IBM Watson Studio
实现信用卡欺诈检测模型。

使用 IBM Watson Studio 进行信用卡欺诈检测

现在来看看加载到 IBM Watson Studio 的 Jupyter Notebook 中的欺诈检测预测模型(完整
代码可在 https://github.com/IBM/xgboost- smote- detect- fraud/blob/
master/ notebook/Fraud_Detection.ipynb 获得,该代码由 IBM 在 Apache 2.0 许可
下发布)。

要执行的第一个操作是把以 .csv 格式加载的信用卡数据集转换为 pandas DataFrame。
该操作按如下方式执行。

选择 Notebook 中 **Read the Data and convert it to the DataFrame(读取数据并将其转换为
Date Frame)** 区域下方的单元格,然后执行以下步骤:

1. 使用 **Find and Add Data** 及其 **Files** 选项卡。应该能看到之前上传的文件名。

2. 选择 **Insert to Code(插入到代码)**。

3. 单击 **Insert Pandas DataFrame(插入 Pandas Data Frame)**。

4. 一旦数据集转换为 pandas DataFrame,就可以用自己选择的名称替换 Watson Studio
自动分配的名称来重命名它,如下所示:

```
# 重命名 dataframe 为 df
df = df_data_2
```

此时,可使用 `train_test_split` 方法将数据集细分为训练数据和测试数据,采用常用拆分率(30％用于测试,其余 70％用于训练)来完成此操作,如下所示:

```
from sklearn.model_selection import train_test_split
= df[['Time', 'V1', 'V2', 'V3', 'V4', 'V5', 'V6', 'V7', 'V8', 'V9','V10',
    'V11', 'V12', 'V13', 'V14', 'V15', 'V16', 'V17', 'V18', 'V19','V20',
    'V21', 'V22', 'V23', 'V24', 'V25', 'V26', 'V27', 'V28', 'Amount']]]
= df['Class']
xtrain, xtest, ytrain, ytest = train_test_split(x, y, test_size= 0.30, random_
state= 0)
```

请记住,数据集包含 31 个数值型输入变量,其中 `Time` 特征表示数据集中每个交易与第一个交易之间经过的秒数,而 `Amount` 特征表示交易量。

`Class` 特征为响应变量,在欺诈情况下取值为 1,在其他情况下取值为 0。

出于保密的原因,没有给出大多数变量(用 V1,V2,……,V28 表示)的含义,而且通过主成分的方式对特征进行了转换。

至此,可引入我们的第一个集成分类器,以便在数据集上测试其分类的质量。

使用 RandomForestClassifier 进行预测

随机森林算法是集成算法中最常用的算法之一。

`scikit-learn` 的 `RandomForestClassifier` 类使用这种算法,根据从训练集中随机提取的子集创建一组决策树。

该算法使用 bagging 技术进行集成学习,尤其适用于减少模型的过拟合。

下面来看一个 `RandomForestClassifier` 的示例及其精确度评分:

```
from sklearn.ensemble import RandomForestClassifier
from sklearn import metrics

rfmodel = RandomForestClassifier()
```

```
rfmodel.fit(xtrain,ytrain)
ypredrf = rfmodel.predict(xtest)
print('Accuracy :% f' % (metrics.accuracy_score(ytest, ypredrf)))
Accuracy :0.999414
```

该模型的精确度较高(99.9414%),这证明了集成学习的有效性。

下面来看看另一种利用 Boosting 技术的集成分类器能否改进预测性能。

用 GradientBoostingClassifier 进行预测

现在,使用基于 AlgaBoost 的 GradientBoostingClassifier。

集成分类器使用的算法采用了 boosting 技术,还采用了梯度下降来最小化代价函数(代价函数用单个基分类器返回的残差表示,基分类器也由决策树构成)。

在下面的代码中,可看到梯度 boosting 的集成分类器的作用:

```
from sklearn import ensemble

params = {'n_estimators':500, 'max_depth':3, 'subsample':0.5,
    'learning_rate':0.01, 'min_samples_leaf':1, 'random_state':3}
clf = ensemble.GradientBoostingClassifier(* * params)
clf.fit(xtrain, ytrain)

y_pred = clf.predict(xtest)

print("Accuracy is :")

print(metrics.accuracy_score(ytest, y_pred))
Accuracy is : 0.998945085858
```

该模型的精确度仍然较高,但与 RandomForestClassifier 相比,并没有进一步改进。预测仅达到了 99.89%的精确度,但实际上可以做得更好。

用 XGBoost 进行预测

现在尝试使用 **XGBoost** 进一步改进预测性能,XGBoost 是梯度 boosting 算法的一个改进版本,旨在优化性能(使用并行计算),从而减少过拟合。

使用 xgboost 库的 XGBClassifier 类,它实现了极端梯度 boosting 分类器,如以下代码所示:

```
from sklearn import metrics
from xgboost.sklearn import XGBClassifier

xgb_model = XGBClassifier()

xgb_model.fit(xtrain, ytrain, eval_metric= ['error'], eval_set= [((xtrain,
ytrain)),(xtest, ytest)])

y_pred = xgb_model.predict(xtest)

print("Accuracy is :")
print(metrics.accuracy_score(ytest, y_pred))

Accuracy is : 0.999472542929
```

精确度进一步提高,已经达到了 99.9472%(比 RandomForestClassifier 的精确度 99.9414%更高)。这个结果还不错,但是现在必须要仔细评估一下预测的质量。

预测质量的评估

为了正确评估分类器获得的预测质量,不能满足于仅使用精确度进行评估,还必须使用其他度量,例如 **F1 评分**和 **ROC 曲线**,这在前面第 5 章中讨论异常检测相关主题时提到过。

F1 值

为了方便起见,先简要回顾一下前面介绍的指标及其定义:

```
Sensitivity or True Positive Rate (TPR) = True Positive / (True Positive + False
Negative);
```

这里,灵敏度也称为召回率:

```
False Positive Rate (FPR) = False Positive / (False Positive + True Negative);
Precision = True Positive / (True Positive + False Positive)
```

基于这些指标,可以估计 F1 评分,它表示精确度和灵敏度之间的调和平均值:

```
F1 = 2 * Precision * Sensitivity / (Precision + Sensitivity)
```

F1 评分可以用于评估预测的结果:F1 值接近于 1 时得到最佳估计,F1 值接近于 0 时得到最差估计。

ROC 曲线

通常,在误报和漏报之间要进行权衡取舍。减少漏报数会导致误报数的增加,为了体现这种权衡,使用一种称为 ROC 曲线的特殊曲线,如图 7 - 12 所示。

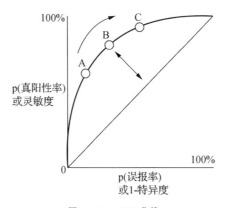

图 7 - 12　ROC 曲线

图片来源:Wikipedia,网址为:https://commons.wikimedia.org/wiki/File:ROC_curve.svg

ROC 曲线使用 scikit-learn 的 roc_curve()计算得到,它将目标值和对应的概率作为参数,如以下代码所示:

```
from sklearn.metrics import roc_curve

FPR, TPR, OPC = roc_curve(targets, probs)
```

应注意到真阳性率(TPR 或灵敏度)、误报率(FPR)和 ROC 曲线之间存在的联系(相反,OPC 参数表示一种控制系数,称为**工作特征**,它在曲线上标识了可能的分类阈值)。因此,可以通过绘制与 OPC 控制系数值对应的 TPR 值来表示灵敏度:

```
# 绘制灵敏度
plt.plot(OPC,TPR)
```

可看到灵敏度(TPR)如何随着 OPC 值的增加而降低;同样,可通过比较 TPR 和 FPR 来绘制 ROC 曲线:

```
#  绘制 ROC 曲线
plt.plot(FPR,TPR)
```

AUC(ROC 曲线下面积)

ROC 曲线允许通过绘制 TPR 与 FPR(曲线的每个点对应于不同的分类阈值)关系图来评估分类器的性能。

还可以使用 ROC 曲线下的面积来比较不同的分类器,以评估哪种分类器更准确。

为了理解这种比较的逻辑,必须考虑 ROC 空间内的最佳分类器由点 $x = 0$ 和 $y = 1$ 的坐标来标识(对应于无误报和无漏报的极限情况)。

为了比较不同的分类器,可以计算与每个分类器关联的 **ROC 曲线下面积(Area Under the ROC Curve, AUC)** 的值获得最高 AUC 值的分类器最准确。

还可以考虑两个特殊分类器的 AUC 值:

- 最佳分类器的 AUC 为 $1 \times 1 = 1$
- 最差分类器的 AUC 为 0.5

此外,AUC 也是非平衡数据集的一种度量。

可使用 scikit-learn 计算 AUC,如以下代码所示:

```
from sklearn.metrics import auc

AUC =  auc(FPR, TPR)
```

基于上述内容,现在可以对分类器获得的预测结果进行更准确地评估并将它们进行比较。

集成分类器的比较

现在对每个分类器计算主要精度测量值并进行比较。

RandomForestClassifier 报告

RandomForestClassifier 指标的分类报告如以下代码所示：

```
print('classification report')
print(metrics.classification_report(ytest, ypredrf))
print('Accuracy :% f' % (metrics.accuracy_score(ytest, ypredrf)))
print('Area under the curve :% f' % (metrics.roc_auc_score(ytest, ypredrf)))
```

```
classification report
            precision    recall    f1-score    support
        0        1.00      1.00        1.00      17030
        1        0.96      0.73        0.83         33
avg / total      1.00      1.00        1.00      17063
```

```
Accuracy : 0.999414
Area under the curve : 0.863607
```

GradientBoostingClassifier 报告

GradientBoostingClassifier 指标的分类报告如以下代码所示：

```
print('classification report')
print(metrics.classification_report(ytest, y_pred))
print("Accuracy is :")
print(metrics.accuracy_score(ytest, y_pred))
print('Area under the curve :% f' % (metrics.roc_auc_score(ytest, y_pred)))
```

```
classification report
            precision    recall    f1-score    support
        0        1.00      1.00        1.00      17030
        1        0.74      0.70        0.72         33
avg / total      1.00      1.00        1.00      17063
```

```
Accuracy is :0.998945085858
Area under the curve :0.848250
```

XGBClassifier 报告

XGBClassifier 指标的分类报告如以下代码所示：

```
print('classification report')
print(metrics.classification_report(ytest, y_pred))
print("Accuracy is :")
print(metrics.accuracy_score(ytest, y_pred))
print('Area under the curve :% f' % (metrics.roc_auc_score(ytest, y_pred)))

classification report
              precision      recall     f1-score      support
          0       1.00        1.00        1.00         17030
          1       0.93        0.79        0.85            33
avg / total       1.00        1.00        1.00         17063

Accuracy is : 0.999472542929
Area under the curve : 0.893881
```

通过比较使用单个分类器计算的 AUC 和 F1 评分值，XGBClassifier 仍然是最准确的分类器，而 GradientBoostingClassifier 是这三个分类器中最不准确的。

用 SMOTE 改进预测精度

下面将展示基于过采样的再平衡技术是如何有助于提高预测精度，并总结要考虑的内容。

使用 imbalanced-learn 库提供的 SMOTE 过采样算法的实现，将欺诈样本从 102 个增加到 500 个，并对重采样的数据重用 RandomForestClassifier，如下例所示：

```
from collections import Counter
from imblearn.over_sampling import SMOTE

x = df[['Time', 'V1', 'V2', 'V3', 'V4', 'V5', 'V6', 'V7', 'V8', 'V9','V10',
        'V11', 'V12', 'V13', 'V14', 'V15', 'V16', 'V17', 'V18', 'V19','V20',
        'V21', 'V22', 'V23', 'V24', 'V25', 'V26', 'V27', 'V28', 'Amount']]

y = df['Class']

# 欺诈样本从 102 个增加到 500 个

sm = SMOTE(random_state= 42,ratio= {1:500})
X_res, y_res = sm.fit_sample(x, y)
```

```
print('Resampled dataset shape {}'.format(Counter(y_res)))
```

```
Resampled dataset shape Counter({0:56772, 1:500})
```

将重采样数据以 70:30 的比例拆分为训练数据和测试数据

```
xtrain, xtest, ytrain, ytest = train_test_split(X_res, y_res,
test_size= 0.30, random_state= 0)
```

重采样数据上的随机森林分类器

```
from sklearn.ensemble import RandomForestClassifier
from sklearn import metrics
```

```
rfmodel = RandomForestClassifier()
rfmodel.fit(xtrain,ytrain)
```

```
ypredrf = rfmodel.predict(xtest)
```

```
print('classification report')
print(metrics.classification_report(ytest, ypredrf))
print('Accuracy :% f' % (metrics.accuracy_score(ytest, ypredrf)))
print('Area under the curve :% f' % (metrics.roc_auc_score(ytest,
ypredrf)))
```

```
classification report
              precision      recall      f1-score      support
         0       1.00         1.00         1.00         17023
         1       0.97         0.91         0.94           159
avg / total       1.00        1.00         1.00         17182
```

```
Accuracy :0.998952
Area under the curve :0.955857
```

可以看到,由于应用了合成过采样技术,F1 评分和 AUC 均有所提高。

小结

我们已经学习了如何通过 IBM Watson Studio 来利用 IBM Cloud 平台开发用于信用卡欺诈检测的预测模型。

通过利用 IBM Cloud 平台,我们还学习了如何解决信用卡交易数据集中存在非平衡和非平稳数据的问题,并充分利用了集成学习和数据采样技术。

下一章将深入研究**生成对抗网络(GAN)**。

8

GAN——攻击与防御

在网络安全背景下,**生成对抗网络(GAN)**代表了深度学习中可以应用的最先进的神经网络示例。GAN 可以用于合法的目的,如身份验证过程,但也可以被用来破坏这些过程。

本章将探讨以下主题:

- GAN 的基本概念及其在攻击和防御场景中的应用
- 用于开发对抗样本的主要库和工具
- 通过模型替代攻击**深度神经网络(DNN)**
- 通过 GAN 攻击**入侵检测系统(IDS)**
- 使用对抗样本攻击人脸识别程序

下面从介绍 GAN 的基本概念开始。

GAN 简介

GAN 是在 2014 年的一篇著名的论文(https://arxiv.org/abs/1406.2661)中提出的理论,该论文由包括 Ian Goodfellow 和 Yoshua Bengio 在内的一个研究团队所撰写,描述了一种特殊对抗性过程(称为 GAN)的潜力和特性。

GAN 背后的基本思想很简单,它让两个神经网络相互竞争,直至达到对抗的平衡;然而与此同时,这些直觉方法的应用几乎不受限制,因为 GAN 能够学习如何模仿和人工再现任何数据分布,无论这些数据代表的是人脸、声音、文字还是艺术品。

本章将扩展 GAN 在网络安全领域的应用,学习如何使用 GAN 进行攻击(例如,基于生物特征证据的识别攻击安全程序)以及如何防御 GAN 对神经网络的攻击。为了充分了解 GAN 的特性和潜力,要引入一些有关**神经网络(NN)**和**深度学习(DL)**的基本概念。

深度学习一瞥

在第 4 章和第 6 章中已经提到过 NN,现在将通过更系统地处理 DL 来进一步扩展这个主题。DL 是机器学习(ML)的一个分支,旨在模仿人脑的认知能力,以完成诸如人脸识别和语音识别等高度复杂的典型高级人类任务。因此,DL 试图通过引入基于人工神经元的网络来模仿人脑的行为,这些人工神经元在多个层次上相互连接并具有或多或少的深度特征,这就是术语"深度学习"中"深度"这个形容词的由来。

DL 和 NN 的概念并不新鲜,但是直到最近几年,得益于计算能力的提高以及通过云计算可以充分利用分布式计算,还有通过大数据分析可以几乎无限制地获取训练数据,推动了数字架构的进步,才使得 DL 和 NN 有了具体的实践以及理论和应用。

DL 的潜力不仅在研究和商业领域得到了认可,而且在网络安全领域也得到了认可。在网络安全领域,使用能够动态适应环境变化的解决方案越来越重要,不仅采用静态检测工具,而且算法要能动态地学习如何自动识别新型攻击,并能通过分析嘈杂数据集中最具代表性的特征来发现可能的威胁。

从数学的角度来看,与传统的 ML 相比,DL 的复杂度更高,尤其是其广泛应用了微积分和线性代数。然而,与 ML 相比,DL 能在准确性和算法在不同应用领域中的可重用性方面取得更好的效果。

通过使用相互连接的 NN 层,DL 不仅能分析原始数据集的特征,还能通过特征组合创建新的特征,从而适应将要进行的分析的复杂度。

构成 DL 的人工神经元层对接收到的作为输入的数据和特征进行分析并与各内层共享,然后处理外层的输出数据。这样,从数据集中提取的原始特征被重新组合,从而得到可以优化分析的新特征。

互连的内层越多,深度越大,重组特征并适应复杂问题的能力就越大,从而将其简化为更具体和更易于管理的子任务。

前面已经提到,DL 的构成要素是由人工神经元组成的 NN 层。现在将从人工神经元开始更详细地研究这些构成元素的特征。

人工神经元和激活函数

前面已经提到过(第 3 章中)一种特殊类型的人工神经元——Rosenblatt 感知机,并且已经知道,当存在超过阈值的正信号时,这种人工神经元就会激活自己来模仿人脑中神经元的行为。

为了验证是否存在超过阈值的正信号,使用了一个特殊的函数,称为**激活**函数,在感知机中,它具有以下特性:

$$\text{if } wx \geqslant \theta \rightarrow f(wx) = +1;$$
$$\text{if } wx < \theta \rightarrow f(wx) = -1;$$

在实践中,如果 wx 乘积值(由输入数据乘以相应的权重组成)超过某个阈值 θ,则感知机被激活;否则,感知机将不被激活。因此,激活函数的任务就是根据一定条件的验证来精确地激活或不激活人工神经元。

可能有不同类型的激活函数,但最常见的可能是**线性整流单元**(**Rectified Linear Unit, ReLU**),在其最简单的版本中,假设对输入值(与各自的权重相乘)使用函数 $\max(0, wx)$,得到的结果作为激活值。

形式上可表示如下:

$$\text{ReLU:} f(wx) = 0 \text{ if } wx < 0; \text{ else } f(wx) = wx;$$

还有一种称为 *LeakyReLU* 的变体,如下式所示:

$$\text{LeakyReLU:} f(wx) = \varepsilon wx \text{ if } wx < 0; \text{ else } f(wx) = wx;$$

与普通 ReLU 不同,激活函数的泄露版本返回乘积 wx 的弱化值(wx 值为一个负数,而不是 0),该值由乘性常数 ε 确定,乘性常数通常将值弱化,使其接近于 0(但不等于 0)。

从数学的角度来看,ReLU 激活函数表示一个线性关系的非线性变换,这个线性关系由输入值与其相应权重的乘积组成。

这样,就可以近似任何一种行为,而不必局限于简单的线性关系。第 6 章中,在介绍"使用多层感知机的用户检测"一节时提到了这一点,说明了由感知机实现的多层人工神经元构成的**多层感知机(MLP)**是克服了单个感知机的局限性,通过在神经网络中引入足够数量的神经元来逼近任何连续的数学函数。这种逼近任何连续数学函数的能力是神经网络的特性,决定了神经网络的学习能力。

现在来看看如何从单个人工神经元构造神经网络。

从人工神经元到神经网络

前面已经介绍了人工神经元的特性以及激活函数的功能。现在来仔细地研究 NN 的特性。NN 由神经元层组成,它们共同构成了一个网络。NN 也可以解释为人工神经元图,其中每个连接都有一个相关的权重。

前面已经说过,通过向 NN 中添加足够数量的神经元,就可以模拟任何连续数学函数的行为。在实践中,NN 只不过是表示任意复杂度的数学函数的一种替代方法。NN 除了可以从数据集中提取原始特征,其强大能力还体现在它能够创建新的特征。

为了实现这样的特征组合,可以向神经网络添加层(隐藏层)。添加的隐藏层越多,网络生成新特征的能力就越强。此时,必须特别注意 NN 的训练过程。

前向传播是最常用的训练 NN 的方法之一。训练数据作为输入送到网络的外层,而外层又将它们自己的部分处理结果传递给内层,依此类推。内层将从外层接收到的输入数据作进一步的分析,将其处理结果的部分前向传播到下一层。

各层进行的处理通常需要基于期望值评估与个别预测相关的权重的优劣。例如,在监督学习的情况下,已经预先知道标记样本的期望值,并根据所选的学习算法相应地调整权重。权值的调整通常需要对与不同层的每个神经元相关联的参数计算偏导数,这会产生一系列计算,这些计算将在各层迭代进行,从而导致计算量很大。

随着 NN 中层数的增加,网络中必须执行的步骤数目呈指数级增长。为了展示这一概念,假设一个内层有 100 个神经元,这 100 个神经元将接收上一层的输入,再将输出传递给下一层,下一层又有 100 个神经元,依此类推,直至到达神经元外层,返回最终的网络输出,因此考虑下从输入到输出的路径数就可以理解运算量的增长。

作为一种可选训练策略,**反向传播**可以显著地减少计算负荷。通过存储各层的输出,在各层级上合并得到的值计算最终的输出,以代替计算每个单层传递给后续层的部分输出。这样,通过将整个网络的输出反向传播来进行训练。通过最小化错误率更新权重,而不是根据各层返回的单个输出。

以数学术语来说,**反向传播**是**矩阵**和**向量**的乘积(对计算要求较低),而不是像前向传播那样是**矩阵-矩阵相乘**(更多细节,请参阅 Packt 出版的由 Sebastian Raschka 撰写的 *Python Machine Learning*, *Second Edition*)。

现在来看一些最常见的 NN 类型:

- **前馈神经网络(Feedforward Neural Network,FFNN)**:FFNN 是 NN 的基本类型。各层的神经元与下一层的部分(或全部)神经元相连。FFNN 的独特之处在于,各层神经元之间的连接仅在一个方向上进行,不存在循环或反向连接。

- **递归神经网络(Recurrent Neural Network,RNN)**:这种网络的特点是神经元之间的连接采用有向环的形式,其中输入和输出由时间序列组成。随着数据的积累和分析,RNN 有助于识别数据中的模式,对于完成诸如语音识别和语言翻译之类的动态任务特别有用。在网络安全中,RNN 被广泛用于网络流量分析、静态分析等。**长短期记忆(Long Short-Term Memory,LSTM)**网络是 RNN 的一种。

- **卷积神经网络(CNN)**:这种网络特别适用于执行图像识别任务。CNN 的特点是能够识别数据中存在的特定特征。构成 CNN 的各层与代表感兴趣的特征(如代表图像中数字的一组像素)的特定滤波器相关联。这些滤波器具有空间平移不变的特性,从而能够检测出搜索空间的不同区域中存在的感兴趣的特征(如在图像的不同区域中存在的相同数字)。一个 CNN 的典型架构包括一系列的**卷积层**、**激活层**、**池化层**和**全连接层**。池化层可以减小感兴趣特征的规模,以便于在搜索空间中搜索特征的存在。图 8-1 显示了在不同层中 CNN 滤波器的作用。

快速回顾 NN 后,现在来熟悉 GAN。

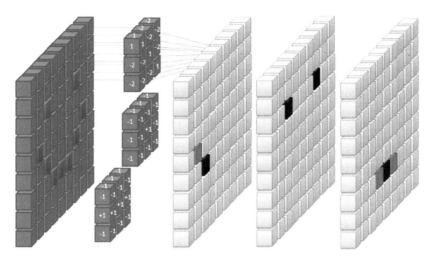

图 8 - 1　不同层中 CNN 滤波器的作用

(图片来源:https://commons.wikimedia.org/wiki/File:3_filters_in_a_Convolutional_Neural_Network.gif)

了解 GAN

如前所述,基于直觉的 GAN 模型就是让两个 NN 相互竞争以改进整体结果。**对抗性**一词特指两个 NN 在完成各自任务时相互竞争的事实。竞争的结果是一个无法进一步改进的整体结果,从而达到平衡状态。

GAN 的典型应用案例是实现一个特殊的神经网络,称为**生成网络**(**generative network**),其任务是创建一个模拟真实图像特征的人工图像。为了区分人工模拟图像和真实图像,采用第二个称为**判别网络**(**discriminator network**)的 NN 与第一个 NN(生成器)竞争。

有趣的是,两个网络通过合作实现平衡(无差异状态),相互竞争以优化各自的目标函数。生成网络基于其欺骗判别网络的能力实现优化。

相应地,判别网络则基于其区分由生成网络人工生成的图像与真实图像的准确度来实现优化。现来在详细地了解这两种 NN 之间的差异。

生成网络与判别网络

为了直观地理解 GAN 中各个 NN 的不同任务,可以考虑这样的一个场景:判别网络尝试对由生成网络人工生成的垃圾邮件进行正确的分类。为了展示各个 NN 必须优化的不同目标函数,将采用条件概率(它是贝叶斯定理的基础),在第 3 章的"使用朴素贝叶斯检测垃圾邮件"一节中已经提到过。

在文本中出现可疑单词(W)的条件下,电子邮件为垃圾邮件(S)的概率定义为 $P(S|W)$。因此,判别网络的任务就是要正确地估计与每一条要分析的电子邮件相关联的概率 $P(S|W)$。

对应地,生成网络的任务与之相反:估计概率 $P(W|S)$,即给定一条垃圾邮件消息,文本中出现可疑单词(W)的可能性大小。从条件概率理论中可知,$P(S|W)$ 的值与 $P(W|S)$ 的值不同,因此即使两个神经网络相关,它们要优化的目标函数也不同。

因此,通过对生成网络人工生成的垃圾邮件正确地分类,实现概率 $P(S|W)$ 的合理估计,判别网络达到优化其目标函数的目的;而基于每条消息相关联的概率 $P(W|S)$,生成网络通过生成垃圾邮件来优化其目标函数。然后生成网络尝试模拟垃圾邮件,试图欺骗判别网络。同时,判别网络将它们与之前分类的真实垃圾邮件样本进行对比,试图正确地识别真实的垃圾邮件,将其与由生成网络人工创建的垃圾邮件区分开。

两个网络都从相互作用中学习。将生成网络生成的虚假垃圾邮件作为输入传递到判别网络,判别网络将它们与真实垃圾邮件放在一起进行分析,逐步完善由 P(S|W)估计值构成的概率估计。这两个神经网络之间建立了一种共生关系,在这种关系中,两个网络都试图优化其对立的目标函数。

在博弈论中,这种情况被称为**零和博弈**,逐步达到的结束两个网络的优化过程的动态平衡称为**纳什均衡(Nash equilibrium)**。

纳什均衡

在博弈论的数学理论中,纳什均衡定义为:两个相互竞争的玩家都将选择对他们各自最有利的游戏策略。这种平衡条件是玩家在不断重复的游戏过程中进行学习的结果。

在纳什均衡条件下,每个玩家都将选择执行相同的动作而不再对其进行修改。

确定这种平衡的条件特别严格。实际上,它们暗含以下内容:

- 所有玩家都是理性的(即他们必须最大化自己的目标函数)。
- 所有玩家都知道其他玩家也是理性的,并且知道各自要最大化的目标函数。
- 所有玩家同时进行游戏,而不知道其他人的选择

现在来看一下如何以数学形式表示 GAN。

GAN 背后的数学

前面已经说过,GAN 的目的是在两个 NN 之间达到一个平衡条件。通过求解以下的方程来寻找这个平衡条件,即极小极大条件:

$$\min_G \max_D V(D,G) = E_{x \sim P_{data}(x)}\big[\log D(x)\big] + E_{z \sim P_z(z)}\big[\log(1 - D(G(z)))\big]$$

从上面给出的公式可以看到两个神经网络的对抗性目标。我们试图使 D 最大化,同时使 G 最小化。换句话说,代表判别器的神经网络 D 旨在最大化该方程,也就是最大化与真实样本相关的输出,同时最小化与伪造样本相关的输出;另一方面,代表生成器的神经网络 G 的目标与之相反,即最小化 G 的失败次数,使判别器面对伪造样本时返回的输出最大化。

GAN 的总体目标是在零和博弈中实现平衡(纳什均衡),其特征是达到无法区分,即对于每一个分类样本,判别器 D 将给出 50% 的概率估计。换言之,判别器不能可靠地区分真实样本和伪造样本。

如何训练 GAN

训练一个 GAN 可能需要很高的计算能力;否则,进行训练所需的时间可能从几个小时到几天不等。考虑到两个 NN 之间的相互依赖性,在训练判别网络时最好保持生成网络返回的值不变。同时,在训练生成网络前,使用可用的训练数据对判别网络进行预训练可能会很有用。

同样重要的是要适当地设置两个 NN 的学习速率,避免出现判别网络的学习速率超过生成网络的学习速率;反之亦然,否则会阻止各个 NN 实现其优化目标。

GAN 示例——模拟 MNIST 手写数字

以下示例改编自位于 https://github.com/eriklindernoren/ML - From - Scratch/blob/master/mlfromscratch/unsupervised_learning/generative_adversarial_network.py 的原始代码(根据 MIT 许可发布,网址为 https://github.com/eriklindernoren/ML-From-Scratch/blob/master/LICENSE),可以看到,通过将人工生成的手写数字图像与 MNIST 数据集(可从 http://yann.lecun.com/exdb/mnist/下载)进行比较,该 GAN 示例可在噪声输入条件下人工生成手写数字图像。

由 build_generator()和 build_discriminator()函数实现的 GAN 的 NN 的激活函数均基于 LeakyReLU(用于改进 GAN 的稳定性,GAN 可能受到稀疏梯度的影响)。

通过利用 random 库中的 normal()函数,将样本噪声用作生成器的输入,如下所示:

```
noise = np.random.normal(0, 1, (half_batch, self.latent_dim))
```

通过 train()方法实现两个 NN 的训练阶段:

```
train(self, n_epochs, batch_size= 128, save_interval= 50)
```

最后,在 train()方法中,可以看到两个 NN 间明显的联系:

```
#  生成器希望判别器将生成的样本标记为有效
valid = np.concatenate((np.ones((batch_size, 1)), np.zeros((batch_size, 1))),
axis= 1)
#  训练生成器
g_loss, g_acc = self.combined.train_on_batch(noise, valid)
```

由图 8-2 可见,随着轮数(epoch)的增加,GAN 的学习在不断地进步,GAN 在生成数字的代表性图像方面所取得的进步是显而易见的。

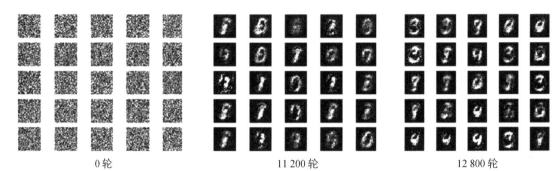

0 轮   11 200 轮   12 800 轮

图 8 - 2　人工生成的手写数字图像

以下是代码示例,改编自位于 https://github.com/eriklindernoren/ML- From-Scratch/ blob/master/mlfromscratch/unsupervised_learning/generative_ adversarial_network.py 的原始代码(根据 MIT 许可发布,网址为 https:// github.com/eriklindernoren/ML-From-Scratch/blob/master/LICENSE):

```python
from __future__ import print_function, division
from sklearn import datasets
import math
import matplotlib.pyplot as plt
import numpy as np
import progressbar

from sklearn.datasets import fetch_openml
from mlxtend.data import loadlocal_mnist

from mlfromscratch.deep_learning.optimizers import Adam
from mlfromscratch.deep_learning.loss_functions import CrossEntropy
from mlfromscratch.deep_learning.layers import Dense, Dropout, Flatten,
Activation, Reshape, BatchNormalization
from mlfromscratch.deep_learning import NeuralNetwork
```

导入必要的库之后,现在准备处理 GAN 类的定义,它能实现我们的 GAN,以生成器和判别器组件的形式部署深度的、全连接的神经网络,在类构造函数(__init__()方法)中实例化:

```python
class GAN():

    def __init__(self):
        self.img_rows = 28
        self.img_cols = 28
```

```
        self.img_dim = self.img_rows * self.img_cols
        self.latent_dim = 100

        optimizer = Adam(learning_rate= 0.0002, b1= 0.5)
        loss_function = CrossEntropy

        # 构建判别器
        self.discriminator = self.build_discriminator(optimizer, loss_func-
    tion)
        # 构建生成器
        self.generator = self.build_generator(optimizer, loss_function)
        # 构建组合模型
        self.combined = NeuralNetwork(optimizer= optimizer, loss= loss_func-
    tion)
        self.combined.layers.extend(self.generator.layers)
        self.combined.layers.extend(self.discriminator.layers)

        print ()
        self.generator.summary(name= "Generator")
        self.discriminator.summary(name= "Discriminator")
```

在 build_generator()和 build_discriminator()类方法中分别定义生成器和判别
器组件：

```
    def build_generator(self, optimizer, loss_function):
        model = NeuralNetwork(optimizer= optimizer, loss= loss_function)

        model.add(Dense(256, input_shape= (self.latent_dim,)))
        model.add(Activation('leaky_relu'))
        model.add(BatchNormalization(momentum= 0.8))
        model.add(Dense(512))
        model.add(Activation('leaky_relu'))
        model.add(BatchNormalization(momentum= 0.8))
        model.add(Dense(1024))
        model.add(Activation('leaky_relu'))
        model.add(BatchNormalization(momentum= 0.8))
        model.add(Dense(self.img_dim))
        model.add(Activation('tanh'))

        return model
    def build_discriminator(self, optimizer, loss_function):
        model = NeuralNetwork(optimizer= optimizer, loss= loss_function)

        model.add(Dense(512, input_shape= (self.img_dim,)))
```

```
model.add(Activation('leaky_relu'))
model.add(Dropout(0.5))
model.add(Dense(256))
model.add(Activation('leaky_relu'))
model.add(Dropout(0.5))
model.add(Dense(2))
model.add(Activation('softmax'))

return model
```

为了训练 GAN,定义了 train()类方法,它负责训练生成器和判别器组件:

```
def train(self, n_epochs, batch_size= 128, save_interval= 50):
    X, y = loadlocal_mnist(images_path= './MNIST/train- images.idx3ubyte',
labels_path= './MNIST/train- labels.idx1- ubyte')

    # 重缩放 [- 1, 1]
    X = (X.astype(np.float32) - 127.5) / 127.5

    half_batch = int(batch_size / 2)

    for epoch in range(n_epochs):

        # - - - - - - - - - - - - - - - - - - -
        #  训练判别器
        # - - - - - - - - - - - - - - - - - - -

        self.discriminator.set_trainable(True)

        # 随机选择半批图像
        idx = np.random.randint(0, X.shape[0], half_batch)
        imgs = X[idx]

        # 采样噪声作为生成器的输入
        noise = np.random.normal(0, 1, (half_batch, self.latent_dim))

        # 生成半批图像
        gen_imgs = self.generator.predict(noise)

        # 有效的 = [1, 0], 伪造的 = [0, 1]
        valid = np.concatenate((np.ones((half_batch, 1)),
np.zeros((half_batch, 1))), axis= 1)
        fake = np.concatenate((np.zeros((half_batch, 1)),
np.ones((half_batch, 1))), axis= 1)

        # 训练判别器
        d_loss_real, d_acc_real =
self.discriminator.train_on_batch(imgs, valid)
```

```
                    d_loss_fake, d_acc_fake =
self.discriminator.train_on_batch(gen_imgs, fake)
            d_loss = 0.5 * (d_loss_real + d_loss_fake)
            d_acc = 0.5 * (d_acc_real + d_acc_fake)

            # - - - - - - - - - - - - - - - - - - -
            #  训练生成器
            # - - - - - - - - - - - - - - - - - - -

            #  我们只想为组合模型训练生成器
            self.discriminator.set_trainable(False)

            #  采样噪声并作为生成器的输入
            noise = np.random.normal(0, 1, (batch_size, self.latent_dim))

            #  生成器希望判别器将生成的样本标记为有效的
            valid = np.concatenate((np.ones((batch_size, 1)), np.zeros((batch_
size, 1))), axis= 1)

            #  训练生成器
            g_loss, g_acc = self.combined.train_on_batch(noise, valid)

            #  显示进度
            print ("% d [D loss: % f, acc: % .2f% % ] [G loss: % f, acc: % .2f% % ]"
% (epoch, d_loss, 100* d_acc, g_loss, 100* g_acc))

            #  如果在保存时间间隔 = >  保存生成的图像样本
            if epoch %  save_interval = = 0:
              self.save_imgs(epoch)
```

对 GAN 进行训练后,可使用 save_imgs()类方法保存新创建的对抗样本图像,其定义如下:

```
    def save_imgs(self, epoch):
        r, c = 5, 5 #  Grid size
        noise = np.random.normal(0, 1, (r *  c, self.latent_dim))
        #  生成图像并重塑其形状
        gen_imgs = self.generator.predict(noise).reshape((- 1, self.img_rows,
self.img_cols))

        #  重缩放图像 0 -  1
        gen_imgs = 0.5 * gen_imgs + 0.5

        fig, axs = plt.subplots(r, c)
        plt.suptitle("Generative Adversarial Network")
        cnt = 0
        for i in range(r):
```

```
        for j in range(c):
            axs[i,j].imshow(gen_imgs[cnt,:,:], cmap= 'gray')
            axs[i,j].axis('off')
            cnt + =  1
    fig.savefig("mnist_% d.png" %  epoch)
    plt.close()
```

要启动脚本,只需定义__main__入口点,如下所示:

```
if __name__ = = '__main__':

    gan =  GAN()
    gan.train(n_epochs= 200000, batch_size= 64, save_interval= 400)
```

现在继续学习用 Python 开发的 GAN 工具和库。

GAN Python 工具和库

用于开发对抗样本的工具和库(执行攻击和攻击防御)的数量在不断增加。下面将介绍一些最常见的例子。本节将整合通用库和工具,在后续各节中,将基于攻击和防御的各个策略以及场景来探讨库和特定工具。

要充分了解这些工具和库的用处,需分析基于神经网络的网络安全解决方案的脆弱性、实施攻击的可能性以及准备适当防御的困难。

神经网络的脆弱性

尽管事实上,正如我们之前所看到的,近年来因为在解决如人类认知能力等更复杂的问题方面具有巨大的潜力,如人脸识别和语音识别,NN 得到了特殊的关注(前面提到过),但是 NN,尤其是 DNN 存在许多相当重要的脆弱性,这些脆弱性可以通过使用 GAN 加以利用。这意味着,例如,可以通过人工创建的对抗样本来欺骗基于人脸识别或其他生物特征证据的生物特征认程序。

正如最近一篇由 Yisroel Mirsky、Tom Mahler、Ilan Shelef 和 Yuval Elovici 撰写的论文 *CT-GAN*:*Malicious Tampering of 3D Medical Imagery using Deep Learning*(Department of Information Systems Engineering，Ben-Gurion University，Israel Soroka University Medical Center，arXiv：1901.03597v2）所示，明显无害的设备如 3D 医学图像扫描仪已经被用作攻击载体。

在这项研究中，作者重点研究了从 CT 扫描中注入和移除癌症图像的可能性，证明了 DNN 的极易受攻击性。

通过添加虚假证据或删除某些真正的医学证据，能够获取医学影像的攻击者就可以改变患者的诊断结果。

例如，攻击者可添加或删除动脉瘤、脑部肿瘤及其他形式的病理证据，如心脏病。这类威胁表明，使用 DNN 管理敏感信息，如与健康状况有关的信息，可能将潜在的攻击面扩大几个数量级，甚至可能犯下谋杀等罪行，只需简单地利用数字设备和程序的脆弱性作为**无菌**攻击载体，就可以将政客、国家元首等人作为潜在的受害者，而无需攻击者亲自动手。

根据上述内容，比较容易理解 DNN 对于对抗攻击缺乏鲁棒性，这会导致严重的后果，会使依赖于 DNN 的程序和应用受到损害。

尽管如此，仍有一些执行关键任务的应用程序（如管理自动驾驶汽车功能的应用程序）在利用 DNN。

深度神经网络攻击

对 DNN 进行攻击有两种基本方式：

- **白盒攻击**：这种类型的攻击以 DNN 目标的模型透明性为前提，这样可以直接验证 DNN 对于对抗样本的灵敏度。
- **黑盒攻击**：与白盒攻击的情况不同，黑盒攻击不知道目标神经网络的配置细节，要间接实现对抗样本的灵敏度检查；唯一可用的信息是，通过给神经网络发送输入，观测神经网络返回的输出值。

不管攻击类型如何，在任何情况下，攻击者都能够利用一些有关神经网络的一般特性。我们已经看到，最普遍的对抗攻击是那些利用人工创建的图像样本来欺骗图像分类算法的攻击。因此，在了解图像分类应用更喜欢使用**卷积神经网络（CNN）**后，攻击者就会更加关注此类神经网络的脆弱性,从而实施攻击。

甚至 DNN 采用的学习策略也可以间接地构成攻击载体。先前已经提到,由于反向传播技术在计算方面的效率更高,因此在进行算法训练时会优先使用该技术。知道了这种学习方法会被优先选择后,攻击者便可以利用梯度下降之类的算法来攻击 DNN,相信反向传播策略允许对整个 DNN 返回的输出进行梯度计算。

对抗攻击方法

以下是一些最常用的进行对抗攻击的方法:

- **快速梯度符号法(Fast Gradient Sign Method,FGSM)**:该方法利用与被攻击 DNN 使用的反向传播方法相关的梯度符号来生成对抗样本。
- **基于雅可比矩阵的显著图攻击(Jacobian-based Saliency Map Attack,JSMA)**:这种攻击方法基于 JSMA(描述输入和目标神经网络返回的输出间存在的关系)迭代地修改信息(如图像的最重要像素)以创建对抗样本。
- **Carlini 和 Wagner(C&W)**:这种对抗攻击方法可能是最可靠、最难检测的。对抗攻击被视为一种优化问题,它使用预定义的度量(例如欧几里得距离)来确定原始样本与对抗样本之间的差距。

但是,对抗样本也显示了一个有趣的特性:**攻击可迁移性**。

对抗攻击的可迁移性

对抗攻击的一个典型特征是它们的**可迁移性**。

该特性是指,为给定 DNN 生成的对抗样本也可迁移至另一个 DNN,这归因于神经网络具有高度泛化能力,这是神经网络的一种优势(也是一种脆弱性)。

利用对抗攻击的可迁移性,攻击者可以创建可重用的对抗样本,而无需知道神经网络各个配置的确切参数。

因此,为成功欺骗用于图像分类的特定 DNN 而开发的一组对抗样本,也可能用于欺骗其他具有类似分类任务的神经网络。

对抗攻击的防御

随着对抗攻击的日益广泛,人们做出了许多尝试来提供充分的防御措施,主要基于以下方法:

- **基于统计的检测防御**:此方法尝试利用统计测试和离群点检测来检测对抗样本的存在。它假设表征真实样本和对抗样本的统计分布在本质上是不同的。然而,C&W 攻击方法的有效性表明,该假设根本不显著,也不可靠。
- **梯度掩蔽防御**:前面已经看到,因为目标神经网络执行的梯度计算可以保持信息传递,大多数 DNN 采用了反向传播优化策略,而对抗攻击可以利用这一信息进行攻击。因此,梯度掩蔽是一种可用的防御方法,它会在神经网络训练期间隐藏与梯度有关的信息。
- **对抗性训练防御**:这种防御方法的目的是通过在训练数据集中插入对抗性样本和真实样本,使得学习算法对训练数据中可能出现的扰动更具鲁棒性。这种防御方法似乎也是应对 C&W 对抗攻击最有前途的方法。然而,这种方法会导致网络复杂度和模型参数的增加,从而带来成本的增加。

前面已经介绍了 DNN 的脆弱性以及对抗攻击和防御方法,现在就可以分析用于开发对抗样本的主要库。

对抗样本库 CleverHans

CleverHans 库无疑是最受关注的 Python 库之一,它通常用作开发对抗样本的其他库和工具的基础。

CleverHans 库可从 https://github.com/tensorflow/cleverhans 获得,并根据 MIT 许可(https://github.com/tensorflow/cleverhans/blob/master/LICENSE)发布。

该库特别适合针对对抗攻击来构造攻击、构建防御以及对机器学习系统的脆弱性进行基准测试。

要安装 CleverHans 库,首先须安装 TensorFlow 库(https://www.tensorflow.org/

install/),该库用于在实现学习模型时执行图形计算。

安装 TensorFlow 之后,可使用以下常用命令安装 CleverHans:

```
pip install cleverhans
```

CleverHans 库的众多优点之一是它提供了一些示例和教程,展示了使用模型开发对抗样本的多种不同的方法。

特别是,CleverHans 库提供了以下教程(基于 MNIST 训练手写数字数据集,可以从 http://yann.lecun.com/exdb/mnist/下载):

- **使用 FGSM 的 MNIST**:该教程介绍了如何使用 FGSM 训练 MNIST 模型以创建对抗样本,以及如何通过对抗训练使模型对对抗样本更具鲁棒性。
- **使用 JSMA 的 MNIST**:该教程介绍了如何使用 JSMA 方法定义 MNIST 模型以创建对抗样本。
- **使用黑盒攻击的 MNIST**:该教程实现了一种基于替代模型的对抗训练的黑盒攻击(也就是说,通过观察黑盒模型分配给对手所精心选择的输入的标签来模仿黑盒模型)。然后,对手使用替代模型的梯度来找出被黑盒模型错误分类的对抗样本。

本章将见到一些使用 CleverHans 库开发对抗攻击和对抗防御场景的例子。

对抗样本库 EvadeML-Zoo

另一个特别令人感兴趣的库是 EvadeML-Zoo。EvadeML-Zoo 是一种用于对抗机器学习的基准测试和可视化工具,由弗吉尼亚大学的机器学习小组和安全研究小组开发。

EvadeML-Zoo 根据 MIT 许可(https://github.com/mzweilin/EvadeML Zoo / blob / master / LICENSE)发布,可从 https://github.com/mzweilin/EvadeML-Zoo 免费下载。

EvadeML-Zoo 库提供了一系列工具和模型,包括:

- 攻击方法,如 FGSM、BIM、JSMA、Deepfool、全方位扰动(Universal Perturbations)和 Carlini/Wagner – L2/Li/L0

- 预训练的最新攻击模型
- 对抗样本的可视化
- 防御方法
- 几个现有的数据集，如 MNIST、CIFAR – 10 和 ImageNet – ILSVRC

下载软件包后，可以使用以下命令将 EvadeML-Zoo 库安装到只使用 CPU 的计算机上：

```
pip install - r requirements_cpu.txt
```

此外，如果有一个兼容的 GPU 可用，则可以执行以下命令：

```
pip install - r requirements_gpu.txt
```

前面已经提到，EvadeML-Zoo 库提供的功能还包括预训练的模型，这对于加快对抗样本的开发过程特别有用，众所周知，这个过程的计算量非常大。

要下载预训练的模型，请运行以下命令：

```
mkdir downloads; curl - sL
https://github. com/mzweilin/EvadeML -  Zoo/releases/download/v0. 1/downloads.
tar.gz | tar xzv - C downloads
```

EvadeML-Zoo 库的另一个有趣特性是它可通过运行 main.py 实用程序来执行。

在下面的代码块中，你可以看到 main.py 的用法菜单以及该工具的执行示例：

```
usage: python main.py [-h] [--dataset_name DATASET_NAME] [--model_name MODEL_NAME]
                [--select [SELECT]] [--noselect] [--nb_examples NB_EXAMPLES]
                [--balance_sampling [BALANCE_SAMPLING]] [--nobalance_sampling]
                [--test_mode [TEST_MODE]] [--notest_mode] [--attacks ATTACKS]
                [--clip CLIP] [--visualize [VISUALIZE]] [--novisualize]
                [--robustness ROBUSTNESS] [--detection DETECTION]
                [--detection_train_test_mode [DETECTION_TRAIN_TEST_MODE]]
                [--nodetection_train_test_mode] [--result_folder RESULT_FOLDER]
                [--verbose [VERBOSE]] [--noverbose]

optional arguments:
  -h, --help            show this help message and exit
  --dataset_name DATASET_NAME
                        Supported: MNIST, CIFAR-10, ImageNet, SVHN.
  --model_name MODEL_NAME
```

```
                        Supported: cleverhans, cleverhans_adv_trained and carlini
                        for MNIST; carlini and DenseNet for CIFAR-10;
                        ResNet50, VGG19, Inceptionv3 and MobileNet for ImageNet;
                        tohinz for SVHN.
    --select [SELECT]    Select correctly classified examples for the experiment.
    --noselect
    --nb_examples NB_EXAMPLES
                        The number of examples selected for attacks.
    --balance_sampling [BALANCE_SAMPLING]
                        Select the same number of examples for each class.
    --nobalance_sampling
    --test_mode [TEST_MODE]
                        Only select one sample for each class.
    --notest_mode
    --attacks ATTACKS   Attack name and parameters in URL style, separated
by
                        semicolon.
    --clip CLIP         L-infinity clip on the adversarial perturbations.
    --visualize [VISUALIZE]
                        Output the image examples for each attack, enabled
by
                        default.
    --novisualize
    --robustness ROBUSTNESS
                        Supported: FeatureSqueezing.
    --detection DETECTION
                        Supported: feature_squeezing.
    --detection_train_test_mode [DETECTION_TRAIN_TEST_MODE]
                        Split into train/test datasets.
    --nodetection_train_test_mode
    --result_folder RESULT_FOLDER
                        The output folder for results.
    --verbose [VERBOSE]Stdout level. The hidden content will be saved to log files
anyway.
    --noverbose
```

运行 EvadeML-Zoo 库,使用 Carlini 模型,对 MNIST 数据集进行 FGSM 对抗攻击,如下
所示:

```
python main.py --dataset_name MNIST --model_name carlini \
    --nb_examples 2000 --balance_sampling \
    --attacks "FGSM? eps= 0.1;" \
    --robustness "none;FeatureSqueezing? squeezer= bit_depth_1;" \
```

```
--detection
"FeatureSqueezing? squeezers= bit_depth_1,median_filter_2_2&distance_measure
= l1&fpr= 0.05;"
```

Defense-GAN library

最后,我们将学习如何使用 Defense – GAN 库开发针对对抗攻击的防御模型。

在分析 Defense – GAN 库的细节前,让我们先试着了解它所基于的假设,以及它所提供的功能,以实现对对抗攻击的充分防御。

如前所述,对抗攻击可以分为白盒攻击和黑盒攻击。在白盒攻击的情况下,攻击者可以访问模型架构和参数,而在黑盒攻击的情况下,攻击者则无权访问模型参数。

人们已经提出了许多防御对抗攻击的方法,这些方法基本上是基于区分真实样本和对抗样本的统计分布的能力(统计检测),基于与神经网络学习阶段有关的敏感信息的能力(梯度掩蔽),或者基于使用对抗样本与其他训练样本一起训练学习算法的可能性(对抗训练)。

所有这些防御方法都存在局限性,因为它们要么只对白盒攻击有效,要么只对黑盒攻击有效,并不是对两种攻击都有效。

Defense – GAN 可以用作针对任何攻击的防御,因为它不对攻击模型进行假设,而只是利用 GAN 的生成能力来重构对抗样本。

基于对合法(未受干扰)的训练样本进行无监督训练的 GAN,Defense – GAN 提出了一种新的防御策略,以消除对抗样本的干扰。

Defense – GAN 库是根据 Apache 2.0 许可(https://github.com/kabkabm/defense-gan/blob/master/LICENSE)发布的,可以从 https://github.com/kabkabm/免费下载。

下载该库后,可以通过以下命令进行安装:

```
pip install - r requirements.txt
```

要下载数据集并准备数据目录,可使用以下命令启动 download_dataset.py Python 脚本:

```
python download_dataset.py[mnist | f- mnist | celeba]
```

通过启动 train.py 脚本来训练 GAN 模型：

python train.py --cfg --is_train

　　--cfg This can be set to either a .yml configuration file like the ones in experiments/cfgs, or an output directory path.
　　can be any parameter that is defined in the config file.

脚本执行将创建：

- 采用与保存模型检查点的目录相同的名称，在输出目录中为每个实验创建一个目录
- 在每个实验目录中保存一个配置文件，以便将其作为地址加载至该目录
- 采用与保存模型检查点的目录相同的名称，在输出目录中为每个实验创建一个训练目录
- 在每个实验目录中保存一个训练配置文件，以便将其作为地址加载至该目录

Defense-GAN 库还提供了一些工具，可以使用这些工具来试验不同攻击模式，从而验证防御模型的有效性。

要执行黑盒攻击，可启动 blackbox.py 工具：

```
python blackbox.py --cfg  \
    --results_dir  \
    --bb_model {A, B, C, D, E} \
    --sub_model {A, B, C, D, E} \
    --fgsm_eps  \
    --defense_type {none|defense_gan|adv_tr}
    [--train_on_recs or --online_training]
```

每个参数的含义如下：

- --cfg 参数是用于训练 iWGAN 的配置文件的路径。这也可以是模型输出目录的路径。
- --results_dir 参数是最终结果保存在文本文件中的路径。
- --bb_model 参数表示表 1 和表 2 中使用的黑盒模型架构。
- --sub_model 参数表示表 1 和表 2 中使用的替代模型架构。
- --defense_type 参数指定保护分类器的防御类型。
- --train_on_recs 和 --online_training 参数是可选的。如果设置了这两个参数，则在重构的 Defense - GAN 上对分类器进行训练（如在表 1 和表 2 的 Defense-GAN-Rec 列中）；否则，结果将用于 Defense-GAN-Orig。注意，如果 --rec_iters 或文中的 L 值

设置较大,则--online_training 将需要花费一段时间。

还有一个与配置文件中定义的超参数相同的--列表(都是小写),以及 blackbox.py 中的标志列表。最重要的如下:

- --rec_iters:Defense-GAN 的**梯度下降(GD)**重构迭代次数,即文中的 L。
- --rec_lr:重构步骤的学习率。
- --rec_rr:重构步骤的随机重新启动次数,即文中的 R。
- --num_train:用于训练黑盒模型的图像数量。出于调试目的,请将此值设置为较小的数。
- --num_test:要测试的图像数。出于调试目的,请将此值设置为较小的数。
- --debug:把定性攻击和重构结果保存在 debug 目录中,并且不会运行代码的对抗攻击部分。

带参数运行 blackbox.py 的示例如下:

```
python blackbox.py --cfg output/gans/mnist \
      --results_dir defensegan \
      --bb_model A \
      --sub_model B \
      --fgsm_eps 0.3 \
      --defense_type defense_gan
```

当然,也可以通过启动 whitebox.py 工具来测试 Defense - GAN 的白盒攻击:

```
python whitebox.py --cfg  \
      --results_dir  \
      --attack_type {fgsm, rand_fgsm, cw} \
      --defense_type {none|defense_gan|adv_tr} \
      --model {A, B, C, D} \
      [--train_on_recs or --online_training]
```

带参数执行 whitebox.py 的示例如下:

```
python whitebox.py --cfg  \
      --results_dir whitebox \
      --attack_type fgsm \
      --defense_type defense_gan \
      --model A
```

关于 blackbox.py,还有一个与配置文件中定义的超参数相同的--列表(全部为小写),以及 whitebox.py 中的标志列表。最重要的如下:

- --rec_iters:Defense-GAN 的 GD 重构迭代次数,即文中的 L。
- --rec_lr:重构步骤的学习率。
- --rec_rr:重构步骤的随机重新启动次数,即文中的 R。
- --num_test:要测试的图像数。出于调试目的,请将此值设置为较小的数。

下面学习如何通过模型替代来执行对神经网络的攻击。

通过模型替代进行网络攻击

在论文 *Practical Black-Box Attacks against Machine Learning*(arXiv:1602.02697v4)中有趣地演示了在黑盒模式下进行对抗攻击的可能性,攻击者在不了解目标 NN 的配置特征的条件下,对远程托管的 DNN 进行了攻击。

在这些情况下,攻击者唯一可用的信息是基于攻击者提供的输入类型,神经网络返回的输出。在实践中,攻击者会观察 DNN 返回的与攻击输入有关的分类标签。在这里,攻击策略变得有趣起来。事实上,通过使用对抗模型人工合成并由目标 NN 标记的输入来训练本地的替代模型,以代替远程托管的 NN。

由 MetaMind 托管的一个神经网络用作远程托管网络目标,该神经网络在 Internet 上公开了一个 DL API。通过向远程托管的网络提交对抗样本,这些对抗样本在本地替代网络上进行训练,作者验证了对于对抗样本,远程托管 RNN 的错误分类率超过 80%。此外,针对亚马逊和谷歌在线提供的类似服务,使用这种攻击策略进行了验证,结果更糟,错误分类率高达 96%。

通过这种方式,作者证明了他们的黑盒对抗攻击策略是普遍有效的,并不仅限于所选择的特定目标神经网络。在本地模型上使用人工合成数据集进行测试,所得结果也验证了**对抗攻击的迁移性**原理的正确性。通过特征的充分近似,把本地模型识别到的漏洞应用到目标模型,攻击者实际上是用目标模型替代本地模型。

因此,基于模型替代的对抗攻击方法的关键要素是替代模型的训练和合成数据集的生成。

下面仔细学习这两个特性。

替代模型的训练

如前所述,基于模型替代的对抗攻击方法旨在训练一个类似于原始目标 NN 的**替代模型**,以便找到目标 NN 上的可用漏洞。

替代模型的训练阶段有一些重要的特点,其中包括:

- 在不了解目标模型的情况下为替代模型选择架构
- 限制对目标模型的查询次数,以确保该方法是易于处理的

为了解决这些困难的任务,基于合成数据的生成提出了攻击策略(使用称为**基于雅可比矩阵的数据集扩充技术**)。

合成数据集的生成

在基于模型替代的攻击策略中,合成数据集的生成方法至关重要。

为了便于理解,只需考虑以下事实:尽管原则上可以对目标模型执行不确定(甚至是无限)次数的不同查询(以验证目标模型生成的输出与每次查询中包含的输入的关系),但从实际角度来看,这种方法不可行。

首先,它是不可持续的,因为大量的查询让对抗攻击易于被检测到,也因为这将增加发送到目标模型的请求数,这个数量与目标神经网络的潜在输入组件数成比例。

替代解决方案包括使用适当的启发式方法生成合成数据集,该方法基于识别目标模型的输出方向如何围绕一组初始训练点变化。这些方向由替代模型的雅可比矩阵来辨识,在查询目标模型的标签时,对样本进行优先级排序以精确逼近目标模型的决策边界。

使用 MalGAN 欺骗恶意软件检测器

黑盒对抗攻击策略也可以有效地用于欺骗基于 NN 的下一代反恶意软件系统。

MalGAN 是一个带有恶意软件样本的有用库,可以用于开发黑箱对抗攻击,可以从 https://github.com/yanminglai/Malware- GAN/下载,根据 GPL 3.0 许可(https://github.com/yanminglai/ malware- gan/blob/master/license)发布。MalGAN 背后的基本思想是使用 GAN 来生成对抗性恶意软件样本,这些样本能够绕过基于机器学习的黑盒检测模型。要安装 MalGAN 库,需要先安装 TensorFlow 1.80、Keras 2.0 和 Cuckoo Sandbox 2.03 库(https://cuckoo.readthedocs.io/en/2.0.3/)。Cuckoo Sandbox 用于从恶意软件样本中提取 API 特征,恶意软件样本可从 https://virusshare.com/获取(选择了 128 个 API 特征作为输入 NN 的维度向量)。

以下是主要的 MalGAN 类(版本 2)的代码:

```
"""
    MalGAN v2 Class definition
    https://github.com/yanminglai/Malware- GAN/blob/master/MalGAN_v2.py
    Released under GPL 3.0 LICENSE:
https://github.com/yanminglai/Malware- GAN/blob/master/LICENSE

    """

    from keras.layers import Input, Dense, Activation
    from keras.layers.merge import Maximum, Concatenate
    from keras.models import Model
    from keras.optimizers import Adam
    from numpy.lib import format
    from sklearn.ensemble import RandomForestClassifier
    from sklearn import linear_model, svm
    from sklearn.model_selection import train_test_split
    import matplotlib.pyplot as plt
    from load_data import *
    import numpy as np
```

导入必要的库之后,来看一下 MalGAN()类的定义,从它的构造函数(__init__()方法)开始:

```
    class MalGAN():
        def __init__(self):
            self.apifeature_dims = 74
            self.z_dims = 10
            self.hide_layers = 256
            self.generator_layers = [self.apifeature_dims+ self.z_dims,
```

```
self.hide_layers, self.apifeature_dims]
        self.substitute_detector_layers = [self.apifeature_dims,
self.hide_layers, 1]
        self.blackbox = 'RF'
        optimizer = Adam(lr= 0.001)

        # 构建并训练 blackbox_detector
        self.blackbox_detector = self.build_blackbox_detector()

        # 构建并编译 substitute_detector
        self.substitute_detector = self.build_substitute_detector()
        self.substitute_detector.compile(loss= 'binary_crossentropy',
optimizer= optimizer, metrics= ['accuracy'])

        # 构建生成器
        self.generator = self.build_generator()

        # 生成器以恶意软件和噪声为输入,生成对抗性恶意软件样本
        example = Input(shape= (self.apifeature_dims,))
        noise = Input(shape= (self.z_dims,))
        input = [example, noise]
        malware_examples = self.generator(input)

        # 我们只为组合模型训练生成器
        self.substitute_detector.trainable = False

        # 判别器将生成的图像作为输入并确定其有效性
validity
        validity = self.substitute_detector(malware_examples)

        # 组合模型  (叠加生成器和 substitute_detector)
        # 训练生成器来欺骗判别器
        self.combined = Model(input, validity)
        self.combined.compile(loss= 'binary_crossentropy',
optimizer= optimizer)
```

接着,MalGAN 类提供了用于构建生成器组件和替代检测器的方法,以及 blackbox_de-tector:

```
    def build_blackbox_detector(self):

        if self.blackbox is 'RF':
            blackbox_detector = RandomForestClassifier(n_estimators= 50,
max_depth= 5, random_state= 1)
        return blackbox_detector

    def build_generator(self):
```

```
    example = Input(shape= (self.apifeature_dims,))
    noise = Input(shape= (self.z_dims,))
    x = Concatenate(axis= 1)([example, noise])
    for dim in self.generator_layers[1:]:
        x = Dense(dim)(x)
    x = Activation(activation= 'sigmoid')(x)
    x = Maximum()([example, x])
    generator = Model([example, noise], x, name= 'generator')
    generator.summary()
    return generator

def build_substitute_detector(self):

    input = Input(shape= (self.substitute_detector_layers[0],))
    x = input
    for dim in self.substitute_detector_layers[1:]:
        x = Dense(dim)(x)
    x = Activation(activation= 'sigmoid')(x)
    substitute_detector= Model(input, x, name= 'substitute_detector')
    substitute_detector.summary()
    return substitute_detector
```

在 train()方法中实现了生成器组件的训练以及黑盒和替代检测器的训练:

```
def train(self, epochs, batch_size= 32):

    # 加载数据集
    (xmal, ymal), (xben, yben) = self.load_data('mydata.npz')
    xtrain_mal, xtest_mal, ytrain_mal, ytest_mal =
train_test_split(xmal, ymal, test_size= 0.20)
    xtrain_ben, xtest_ben, ytrain_ben, ytest_ben =
train_test_split(xben, yben, test_size= 0.20)

    # 训练 blackbox_detector
    self.blackbox_detector.fit(np.concatenate([xmal, xben]),
                              np.concatenate([ymal, yben]))
    ytrain_ben_blackbox = self.blackbox_detector.predict(xtrain_ben)
    Original_Train_TPR = self.blackbox_detector.score(xtrain_mal,
ytrain_mal)
    Original_Test_TPR = self.blackbox_detector.score(xtest_mal,
ytest_mal)
    Train_TPR, Test_TPR = [Original_Train_TPR], [Original_Test_TPR]
    best_TPR = 1.0
    for epoch in range(epochs):

        for step in range(xtrain_mal.shape[0] // batch_size):
```

```
# - - - - - - - - - - - - - - - - - - - -
#  训练 substitute_detector
# - - - - - - - - - - - - - - - - - - - -

# 随机选择一批恶意软件样本
idx = np.random.randint(0, xtrain_mal.shape[0], batch_size)
xmal_batch = xtrain_mal[idx]
noise = np.random.uniform(0, 1, (batch_size, self.z_dims))
# 随机均匀噪声
idx = np.random.randint(0, xmal_batch.shape[0], batch_size)
xben_batch = xtrain_ben[idx]
yben_batch = ytrain_ben_blackbox[idx]

# 生成一批新的恶意软件样本
gen_examples = self.generator.predict([xmal_batch, noise])
ymal_batch = self.blackbox_detector.predict
(np.ones(gen_examples.shape) * (gen_examples > 0.5))

# 训练 substitute_detector
d_loss_real = self.substitute_detector.train_on_batch
(gen_examples, ymal_batch)
d_loss_fake = self.substitute_detector.train_on_batch
(xben_batch, yben_batch)
d_loss = 0.5 * np.add(d_loss_real, d_loss_fake)
```

下面继续训练生成器：

```
idx = np.random.randint(0, xtrain_mal.shape[0], batch_size)
xmal_batch = xtrain_mal[idx]
noise = np.random.uniform(0, 1, (batch_size, self.z_dims))

# 训练生成器
g_loss= self.combined.train_on_batch([xmal_batch, noise],
np.zeros((batch_size, 1)))

# 计算训练 TPR
noise = np.random.uniform(0, 1, (xtrain_mal.shape[0],
self.z_dims))
gen_examples = self.generator.predict([xtrain_mal, noise])
TPR= self.blackbox_detector.score(np.ones(gen_examples.shape)
* (gen_examples) > 0.5), ytrain_mal)
Train_TPR.append(TPR)

# 计算测试 TPR
noise = np.random.uniform(0, 1, (xtest_mal.shape[0],
self.z_dims))
```

```
                    gen_examples = self.generator.predict([xtest_mal, noise])
                    TPR= self.blackbox_detector.score(np.ones(gen_examples.
shape)* (gen_examples > 0.5), ytest_mal)
                    Test_TPR.append(TPR)

                    #  保存最佳模型
                    if TPR < best_TPR:
                        self.combined.save_weights('saves/malgan.h5')
                        best_TPR = TPR
```

要启动脚本,只需定义__main__入口点:

```
if __name__ == '__main__':
    malgan = MalGAN()
    malgan.train(epochs= 50, batch_size= 64)
```

现在继续说明利用 GAN 的 IDS 规避技术。

利用 GAN 的 IDS 规避

在第 5 章中已广泛讨论了 IDS,从中了解到,在当前通过网络攻击传播的恶意软件威胁爆炸性增长的环境下,IDS 起到了微妙作用。

因此,有必要引入能够迅速检测到潜在恶意软件威胁的工具,以防止其在整个公司网络中传播,从而损害软件和数据的完整性(例如,想想勒索软件攻击的扩散)。

为了能够迅速有效地减少误报数,有必要为 IDS 系统配备能够对所分析流量进行精确分类的自动化程序。因此,现在的 IDS 使用了机器学习算法,这并非巧合,IDS 也越来越多地依靠 DNN(如 CNN 和 RNN)来提高入侵检测的准确性。

因此,即使是**入侵检测系统(IDSes)**也不能被认为对对抗攻击免疫,这种攻击是专门为欺骗 IDS 的底层模型而设计的,从而降低(甚至消除)了对异常流量进行正确分类的能力。

尽管如此,到目前为止,仍然很少有理论研究和软件实现使用对抗样本来执行对 IDSes 的攻击。

论文 IDSGAN：*Generative Adversarial Networks for Attack Generation against Intrusion Detection*(`https://arxiv.org/pdf /1809.02077`)中演示了使用 GAN 规避 IDS 检测的可能性。

IDSGAN 简介

同样,在 IDSGAN 的情况下,基于黑盒策略设计攻击类型,其中目标 IDS 的实现细节和配置是未知的。

IDSGAN 的底层 GAN 通常包括两个对抗的神经网络,其中生成器组件负责通过创建对抗样本,将原始网络流量转换为恶意流量。

另一方面,IDSGAN 的判别器组件通过模拟黑盒检测系统,完成正确的流量分类,从而为生成器组件提供必要的反馈以创建对抗样本。

即使在 IDSGAN 的情况下,使用 NSL-KDD 数据集(`http://www.unb.ca/cic/data-sets/nsl.html`)生成的对抗样本也显示了攻击**可迁移性**的特点,也就是说,它们可被重用以攻击许多检测系统,从而证明了底层模型的鲁棒性。

IDSGAN 的功能

IDSGAN 提供的主要功能如下:

- 能够通过模拟 IDS 的行为来开发针对 IDS 的攻击
- 能够以黑盒模式利用对抗样本制造针对 IDS 的攻击
- 能够将人工产生的流量的检测率降低到零
- 能够重用生成的对抗样本来对不同类型的 IDS 进行攻击

现在来看一下 IDSGAN 的结构。

IDSGAN 训练数据集

首先,IDSGAN 使用 NSL-KDD 数据集(`http://www.unb.ca/cic/datasets/nsl.html`),其中包含恶意流量和真实流量的样本。这些样本对于检查 IDSGAN 的性能特别有用,因为它们也用于常见的 IDS。

然后,使用 NSL-KDD 数据集作为基准来验证生成器组件的有效性,并允许判别器组件返回创建对抗样本所需的反馈。因此,选择 NSL-KDD 数据集并非偶然,因为数据集中的流量数据样本同时包含正常流量和恶意流量,细分为 4 个主要类别:探测(probe)、**拒绝服务(DoS)**、**提权攻击[User to Root,U2R**(普通用户对本地超级用户特权的非法访问——译者注)]、**来自远程机器的非法访问(Remote to Local,R2L)**。

此外,数据集根据 41 个复杂特征来表示流量,其中 9 个特征是离散值,其余 32 个特征是连续值。

这些特征又可分为以下 4 种类型:

- **固有特征**:此特征反映了单个连接内在特性
- **内容**:此特征标记了与可能的攻击相关的连接内容
- **基于时间**:此特征检查过去 2 秒钟内建立的连接,这些连接与当前连接具有相同目标主机或相同服务
- **基于主机**:此特征监视过去 100 个连接中与当前连接具有相同目标主机或相同服务的连接。

在数据预处理阶段,应特别注意降低特征值之间的维度影响。采用基于最小-最大准则的归-化方法转换输入数据,使其落在区间[0,1]内,从而能够同时处理离散特征和连续特征。

用于进行此归一化的数学公式如下:

$$x' = (x - x_{\min})/(x_{\max} - x_{\min})$$

这里,x 表示归一化前的特征值,x' 表示归一化后的特征值。

完成了训练数据集分析和数据归一化后,现在可以继续学习 IDSGAN 组件的特性。

生成器网络

与所有 GAN 中一样,生成器网络是负责生成对抗样本的组件。

在 IDSGAN 中,生成器以输入流量原始样本为输入,对其进行变换。输入流量原始样本的向量维度为 m,其表示了原始样本的特征。变换后的向量维度为 n,其包含了噪声,也就是通过均匀分布产生的随机数,值落在区间[0,1]内。

生成器网络由 5 层(每层采用 ReLU 激活函数)组成,用于管理内层的输出,而输出层有足够的单元来满足原始的 m 维样本向量。

正如预期的那样,生成器网络会根据判别器网络(在黑盒模式下模拟 IDS 的行为)的反馈调整其参数。

现在来更详细地了解 IDSGAN 的判别器组件的特性。

判别器网络

前面已经说过,IDSGAN 实现的攻击策略遵循黑盒模式,这意味着假定攻击者不清楚目标 IDS 的实现。从这个意义上讲,IDSGAN 的判别器组件试图模仿被攻击的 IDS,通过将生成器组件生成的输出与正常流量样本进行比较,对生成的输出进行分类。

采用这种方式,判别器能够向生成器提供必要的反馈,以便制作对抗样本。因此,判别器组件由一个多层神经网络构成,其训练数据集既包含正常流量,也包含对抗样本。

因此,判别器网络的训练步骤如下:

• 利用 IDS 对正常样本和对抗样本进行分类
• 将 IDS 的结果用作判别器的目标标签
• 判别器使用得到的训练数据集来模拟 IDS 分类

以下几节概述了用于训练生成器和判别器组件的算法。

理解 IDSGAN 的训练算法

为了训练生成器网络,使用了判别器网络对对抗样本进行分类所得结果的梯度。目标函数,也称为**损失函数**,用下式中的 L 表示,生成器网络必须最小化 L,公式如下:

$$L_G = E_{M \in S_{attack,N}} D(G(M,N))$$

这里,G 和 D 分别表示生成器网络和判别器网络,而 S_{attack} 表示原始恶意样本,M 和 N 分别表示与原始流量样本匹配的 m 维向量以及与噪声部分匹配的 n 维向量。

对于判别器网络,通过优化以下式表示的目标函数来进行训练:

$$L_D = E_{S \in B_{normal}} D(s) - E_{S \in B_{attack}} D(s)$$

如我们所见,判别器网络的训练数据集包括正常样本和对抗样本,而目标标签则由 IDS 返回的输出表示。

因此,在目标函数中,s 表示用于判别器训练的流量样本,而 B_{normal} 和 B_{attack} 分别表示 IDS 正确预测的正常样本和对抗样本。

使用 GAN 的人脸识别攻击

作为使用 GAN 的最后一个示例,来看一下可能是最典型、最著名的案例,其生成代表人脸的对抗样本。

该技术可以产生令检查人员惊讶的结果,这些结果通常非常逼真,而当该技术被用作攻击工具时,会对所有基于生物特征证据的网络安全程序构成严重威胁(例如,常用于访问在线银行服务,或登录社交网络,甚至访问自己的智能手机)。

此外,它还可以用来欺骗甚至是被警察用来识别犯罪嫌疑人的 AI 人脸识别工具,从而降低这些工具的整体可靠性。

正如在论文 *Explaining and Harnessing Adversarial Examples*(arxiv:1412.6572,其作

者包括 Ian Goodfellow,他是第一个把 GAN 介绍给世界的人)中所展示的那样,只需要引入较小的扰动(人眼无法察觉)即可构建出能够欺骗神经网络分类器的人工图像。

图 8-3 是根据一幅著名图像复制的,由于给原始样本添加了较小的扰动,熊猫被错误地分类为长臂猿。

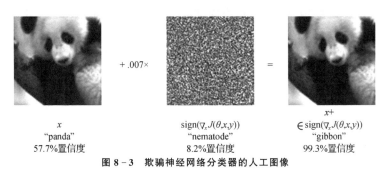

图 8-3   欺骗神经网络分类器的人工图像

(图片摘自论文 *Explaining and Harnessing Adversarial Examples*,arxiv:1412.6572)

对抗攻击中人脸识别的脆弱性

常见的人脸识别模型之所以容易受到对抗攻击,是因为使用了两个相同的 CNN,它们共同构成了一个**孪生网络**。为了计算待比较的两个人脸的代表性图像之间的距离,将一个 CNN 与第一个图像结合,另一个 CNN 与第二个图像结合。

两个表示(也称为**输出嵌入**,由 CNN 根据相应图像用公式表示)之间计算出的距离,是根据该距离相对于给定阈值的超出程度来评估。

对各个图像对应的输出嵌入间的距离进行正确评估正是这种人脸识别方法的薄弱环节,用这个距离相对于阈值的超出值来验证结果,从而判断图像匹配是否失败。

因此,想要被识别为合法用户的攻击者,例如为了登录网上银行或社交网络,就会尝试对存储 CNN 输出嵌入的数据库进行未经授权的访问来获取 CNN 输出嵌入。或者,攻击者可以通过利用对抗样本攻击来欺骗孪生网络,将自己标识为任何用户。

针对 FaceNet 的对抗样本

CleverHans 库包含一个使用对抗样本欺骗实现人脸识别模型的 CNN 的攻击示例(在 examples 目 录 下，可 从 `https://github. com/tensorflow/cleverhans/blob/master/examples/ facenet_adversarial_faces/facenet_fgsm.py` 免费下载。示例代码是根据 MIT 许可发布的,网址为 `https://github.com/tensorflow/cleverhans/blob/master/LICENSE)`。

示例代码展示了如何使用 FGSM 方法对 FaceNet 库执行对抗攻击,获得的准确率超过 99%。

以下是针对由 FaceNet 库实现的人脸识别模型的对抗攻击示例的代码:

```
"""
  Script name: facenet_fgsm.py
https://github.com/tensorflow/cleverhans/blob/master/examples/facenet_adver-
sarial_faces/facenet_fgsm.py
 Released under MIT LICENSE:
https://github.com/tensorflow/cleverhans/blob/master/LICENSE
"""

import facenet
import tensorflow as tf
import numpy as np
from cleverhans.model import Model
from cleverhans.attacks import FastCradicntMcthod

import set_loader
```

加载必要的库后,可使用 InceptionResnetV1Model 类定义,该类提供了对 FaceNet 库执行对抗攻击所需的所有方法:

```
class InceptionResnetV1Model(Model):
  model_path = "models/facenet/20170512- 110547/20170512- 110547.pb"

  def __init__(self):
    super(InceptionResnetV1Model, self).__init__(scope= 'model')

    # 加载 Facenet CNN
    facenet.load_model(self.model_path)
    # 保存输入和输出张量引用
    graph = tf.get_default_graph()
    self.face_input = graph.get_tensor_by_name("input:0")
    self.embedding_output = graph.get_tensor_by_name("embeddings:0")

  def convert_to_classifier(self):
```

```
# 创建 victim_embedding 占位符
self.victim_embedding_input = tf.placeholder(
    tf.float32,
    shape= (None, 128))

# 对两个嵌入之间的欧几里得距离求平方
distance = tf.reduce_sum(
    tf.square(self.embedding_output - self.victim_embedding_input),
    axis= 1)

# 将距离转换为 softmax 向量
# 最大为 4 时,以 0.99 为 Facenet CNN 的距离阈值
threshold = 0.99
score = tf.where(
    distance > threshold,
    0.5 + ((distance - threshold) * 0.5) / (4.0 - threshold),
    0.5 * distance / threshold)
reverse_score = 1.0 - score
self.softmax_output = tf.transpose(tf.stack([reverse_score, score]))

# 保存 softmax 层
self.layer_names = []
self.layers = []
self.layers.append(self.softmax_output)
self.layer_names.append('probs')

def fprop(self, x, set_ref= False):
    return dict(zip(self.layer_names, self.layers))
```

现在,已经准备好了利用 FGSM 方法执行攻击:

```
with tf.Graph().as_default():
  with tf.Session() as sess:
    # 加载模型
    model = InceptionResnetV1Model()
    # 转换为分类器
    model.convert_to_classifier()

    # 加载一对人脸图像及其以独热编码表示的标签
    faces1, faces2, labels = set_loader.load_testset(1000)

    # 使用 Facenet 创建受害者的嵌入
    graph = tf.get_default_graph()
    phase_train_placeholder = graph.get_tensor_by_name("phase_train:0")
    feed_dict = {model.face_input: faces2,
                 phase_train_placeholder: False}
```

```
victims_embeddings = sess.run(
    model.embedding_output, feed_dict= feed_dict)

# 为模型定义 FGSM
steps = 1
eps = 0.01
alpha = eps / steps
fgsm = FastGradientMethod(model)
fgsm_params = {'eps': alpha,
               'clip_min': 0.,
               'clip_max': 1.}
adv_x = fgsm.generate(model.face_input, * * fgsm_params)

# 运行 FGSM
adv = faces1
for i in range(steps):
  print("FGSM step " + str(i + 1))
  feed_dict = {model.face_input: adv,
               model.victim_embedding_input: victims_embeddings,
               phase_train_placeholder: False}
  adv = sess.run(adv_x, feed_dict= feed_dict)
```

因此,FGSM 遵循两种不同的攻击策略:

- 模仿攻击(该攻击旨在模仿特定的用户),使用属于不同个体的两副面孔
- 躲避攻击(该攻击旨在被识别为任一可能的用户),使用属于同一个体的两副面孔

现在来看看如何对 FaceNet 的 CNN 发起对抗攻击。

针对 FaceNet 的 CNN 发起对抗攻击

为了运行针对 FaceNet 的 CNN 的对抗攻击示例,应执行以下步骤:

1. 安装 FaceNet 库,下载并对齐 LFW 人脸,并且下载预先训练好的 FaceNet 模型,如 FaceNet 教程中所述,网址为 https://github.com/davidsandberg/facenet/wiki/Validate- on- LFW。

2. 验证下载的数据集和模型的文件夹是否在示例的同一个文件夹中。

3. 在示例代码中编辑以下行,验证 .pb 文件的名称和路径与先前下载的 FaceNet 模型的路径和文件名是否匹配:

```
model_path = "models / facenet / 20170512- 110547 / 20170512- 110547.pb"
```

4. 使用以下命令启动 Python 脚本：

```
python facenet_fgsm.py
```

小结

本章研究了利用 GAN 创建的对抗样本的攻击和防御技术。

随着 DNN 日益成为网络安全程序的核心，如恶意软件检测工具和生物认证，本章详细地研究了使用 GAN 对抗 DNN 可能带来的具体威胁。除了在管理敏感数据（如健康数据）中广泛使用 NN 带来的风险外，这些威胁还导致产生了基于 GAN 的新型攻击，甚至可能危及公民的健康和人身安全。

下一章将借助几个示例学习如何评估算法。

第四部分
评估和测试你的 AI 武器库

学习评估和不断测试基于 AI 的网络安全算法和工具的有效性,与了解如何开发和部署它们同样重要。本部分将学习如何评估和测试你的工作。

本部分包含以下章节:

9

评估算法

正如前几章所述,可使用多种 AI 解决方案来实现某种网络安全目标,因此学习如何使用适当的分析指标来评估各种不同的解决方案的有效性非常重要。同时,预防过拟合之类的现象是十分重要的,因为当从训练数据切换到测试数据时,过拟合可能损害预测的可靠性。

本章将学习以下主题:

- 在处理原始数据时特征工程的最佳实践
- 如何使用 ROC 曲线评估检测器的性能
- 如何将样本数据适当地分割为训练集和测试集
- 如何使用交叉验证来管理算法的过拟合和偏差与方差之间的权衡

现在,通过研究原始数据的本质来开始所需要的特征工程的讨论。

特征工程的最佳实践

前面几章研究了不同的人工智能(AI)算法,分析了它们在不同场景中的应用及其在网络安全环境中的用例。现在,该学习如何评估这些算法了,从假设算法是数据驱动学习模型的基础开始。

因此必须论述数据的本质,这是算法学习过程的基础,旨在基于训练阶段作为输入接收的样本,以预测的形式进行泛化。

因此,最好选择对训练数据之外的泛化最佳的算法,从而在面对新数据时获得最佳的预测。实际上,确定一个适合训练数据的算法是相对简单的,但是当算法必须对以前从未见过的数据做出正确预测时,问题变得更加复杂。实际上,我们将看到不断优化算法对训练数据的预测精度会引起被称为**过拟合**的现象,即在处理新的测试数据时,预测结果会变得更糟。

因此,理解如何正确地执行算法训练变得很重要,从训练数据集的选择到算法学习参数的正确调整。

有几种方法可以用于训练算法,如使用相同的训练数据集(例如,将训练数据集划分为两个单独的子集,一个用于训练,一个用于测试),选择一个适当的比例,将原始训练数据集分配到两个不同的子集。

另一种策略是基于交叉验证,正如我们将看到的,该策略随机地将训练数据集划分为一定数量的子集,在这些子集上训练算法并计算所得结果的平均值,以验证预测精度。

更好的算法还是更多的数据?

诚然,为了做出正确的预测(预测只不过是基于样本数据的泛化),仅有数据是不够的,需要将数据与算法结合起来(而算法只不过是数据的表示)。然而,在实践中,在改进预测时经常会处于一个两难的境地:是设计一个更好的算法,还是只需要收集更多的数据?随着时间的推移,这个问题的答案并不总是相同的,因为当人工智能领域的研究开始时,重点是算法的质量,因为数据的可用性是由存储成本决定的。

近年来,随着存储相关成本的降低,数据可用性出现了前所未有的爆炸式增长,这催生了新型的基于大数据的分析技术,研究重点也随之转向了数据的可用性。但是,随着可用数据量的增加,分析数据所需的时间也相应增加,因此,在算法质量和训练数据量之间进行选择时,必须进行一个权衡。

一般来说,实践经验表明,即使是由大量数据驱动的愚蠢算法,也能比由较少数据驱动的聪明算法产生更好的预测。

然而,数据的本质往往是造成差异的要素。

原始数据的本质

对数据相关性的强调常常与"让数据自己说话"这句格言产生共鸣。实际上,数据几乎永远无法自己说话,即使数据会说话,也通常带有欺骗性。原始数据不过是信息的碎片,它就像拼图中的碎片,而我们(还)不知道更大的图片。

因此,为了理解原始数据,需要借助于模型来区分必要的部分(信号)和无用的部分(噪声),并识别出丢失的部分以完成拼图。

对于 AI,通常采用特征间的数学关系式来建立模型。基于分析所要实现的目的,通过这些模型可以展示出数据所代表的不同方面和不同功能。为了将原始数据用于数学模型,首先必须对其进行适当地处理,使其成为模型的特征。实际上,特征就是原始数据的数字表示。

例如,原始数据通常不会以数字形式出现。但是,为了使用算法处理数据,以数字的形式表示数据是必要的前提条件。因此,在将原始数据输入至算法前,必须将其转换为数字形式。

特征工程

因此,在实现预测模型时,不能仅局限于算法的选择,还必须明确算法发挥作用所需的特征。因此,不论是从目标的实现,还是从预测模型实现的效率来说,对特征的正确定义都是至关重要的一步。

如前所述,特征构成了原始数据的数字表示。将原始数据转换为数字形式有多种明显不同的方法,除了根据选择的算法类型,还要根据原始数据的不同本质来确定转换方法。实际上,不同的算法需要不同的特征才能发挥作用。

特征的数量对于模型的预测性能也同样重要。因此,选择特征的质量和数量就构成了一个初步处理,称为特征工程。

原始数据的处理

根据与模型相关的数值的本质进行第一次筛选。应该明确需要的数值是正数还是负数,或者只是布尔值;是否可以限制在一定数量级上;是否能够事先确定特征的最大值和最小值等。

还可从简单特征开始,人为地创建复杂特征,以增加模型的解释能力和预测能力。

以下是一些将原始数据转换为模型特征的最常见转换:

- 数据二值化
- 数据分箱
- 数据的对数变换

现在将详细研究每种转换。

数据二值化

二值化是最基本的转换方式之一,该方式基于原始数据计数,当计数大于 0 时赋值为 1,否则赋值为 0。要理解二值化的有用性,只需考虑开发一个预测模型,预测用户对视频的偏好。通过简单地对用户观看视频进行计数,就可以评估每个用户的偏好;然而,问题在于根据各个用户的习惯不同,这个计数的数量级会变化。

因此,观看次数的绝对值,即原始计数,并不能构成对每个视频的偏爱程度的可靠度量。实际上,一些用户习惯于重复观看同一视频,但每次都没有特别关注,而另一些用户则更喜欢集中注意力,从而减少了观看次数。

此外,基于用户的习惯,每个用户观看视频次数的数量级差异很大,从几十次到几百次甚至几千次,这使得某些统计度量,例如算术平均值,并不能很好地代表个人的偏好。

可以对计数进行二值化来代替原始播放计数,对播放次数大于 0 的所有视频赋值为 1,否则赋值为 0。以这种方式获得的结果是更有效、更稳健的个人偏好度量。

数据分箱

在不同情况下,计数的数量级会不同,这会给数据处理带来问题,并且有许多算法在面对取值范围较大的数据时表现糟糕,如基于欧几里得距离度量相似度的聚类算法。

以类似于二值化的方式,通过将原始数据计数分组到称为"箱"的容器中来减小维数,每个箱具有固定的幅度(固定分箱),按升序排序,从而可线性或指数地缩放其绝对值。

数据的对数变换

同样,可以用对数替代绝对值来减少原始数据计数的量级。

对数变换特有的一个特征是,能精确地减少较大值的相关性,同时放大较小值,从而使数据分布更加均匀。

除了对数外,还可使用其他幂函数,它们可以保证数据分布方差的稳定性(例如 Box－Cox 变换)。

数据归一化

数据归一化也称为特征归一化或特征缩放,可以改进算法的性能,减少这些算法受输入值范围的影响。

以下是最常见的特征归一化示例。

最小-最大缩放

通过最小-最大缩放转换,可使数据落在有限范围的值内:0 和 1。

可以采用以下公式计算的值来替换原始值 x_i,实现数据转换:

$$\min-\max-\mathrm{scaling}(x)=(x_i-\min(X))/(\max(X)-\min(X))$$

式中,$\min(X)$ 和 $\max(X)$ 分别表示整个分布的最小值和最大值。

方差缩放

另一种常用的数据归一化方法是从每个 x_i 值中减去分布的均值,然后将所得结果除以分布的方差。

归一化(也称为标准化)后,重新计算的数据的分布显示均值为 0,方差为 1。

方差缩放公式如下:

$$\text{standardization}(x) = (x_i - \text{mean}(X))/\sigma$$

如何处理分类变量

原始数据可以由采用非数字值的分类变量表示。

分类变量的一个典型例子是国籍。为了以数学方式处理类别变量,需要采用某种形式的类别转换将其变为数值,这也称为编码。

以下是最常见的分类编码方法。

序号编码

一种直观的编码方法是为每个类别赋予一个累进值,如表 9 - 1 所示。

表 9 - 1   序号编码示例

原始编码	序号编码
低	1
中	2
高	3

这种编码方法的优点是,转换后的值在数字上是有序的;缺点是,即使这种数字顺序没有实际意义,也只能如此。

独热编码

使用独热(one-hot)编码方法,将一组比特赋予一个变量,每个比特代表一个不同的类别。

采用一组比特来区分变量,每个变量不可以属于多个类别,使得数据中只有一个比特为 1 来表示数据类别,如表 9 - 2 所示。

表 9 - 2 独热编码示例

国家	B1	B2	B3
英国	1	0	0
法国	0	1	0
德国	0	0	1

独热编码示例

哑编码

独热编码方法实际上浪费了一个比特（事实上，这并非严格必需的），可以使用哑（dummy）编码的方法来消除，如表 9 - 3 所示。

表 9 - 3 哑编码示例

国家	B1	B2
英国	1	0
法国	0	1
德国	0	0

哑编码示例

使用 sklearn 的特征工程示例

现在来看一些特征工程的示例，使用 NumPy 库和 scikit-learn 库的预处理包来实现。

最小-最大缩放

以下代码是一个使用 scikit-learn 的 MinMaxScaler 类进行特征工程的示例，旨在将特征缩放到给定范围的值（最小和最大值之间），例如 0 和 1 之间：

```
from sklearn import preprocessing
  import numpy as np
raw_data = np.array([
[ 2., - 3., 4.],
[ 5., 0., 1.],
[ 4., 0., - 2.]])
```

```
min_max_scaler = preprocessing.MinMaxScaler()
scaled_data = min_max_scaler.fit_transform(raw_data)
```

标准化缩放

以下示例展示了使用 scikit-learn 的 StandardScaler 类,它利用 transform()方法
来计算训练集的均值和标准差:

```
from sklearn import preprocessing
import numpy as np
raw_data = np.array([[ 2., - 3., 4.],
[ 5., 0., 1.],
[ 4., 0., - 2.]])
std_scaler = preprocessing.StandardScaler().fit(raw_data)
std_scaler.transform(raw_data)
test_data = [[- 3., 1., 2.]]
std_scaler.transform(test_data)
```

幂变换

以下示例使用了 scikit-learn 的 PowerTransformer 类,通过 Box－Cox 变换使输出
归一化为零均值、单位方差:

```
from sklearn import preprocessing
import numpy as np
pt = preprocessing.PowerTransformer(method= 'box- cox', standardize= False)
X_lognormal = np.random.RandomState(616).lognormal(size= (3, 3)) pt.fit_trans-
form(X_lognormal)
```

使用 sklearn 的序号编码

下面的示例演示了如何使用 scikit-learn 的 OrdinalEncoder 类及其 transform()
方法将类别特征编码为整数:

```
from sklearn import preprocessing
ord_enc = preprocessing.OrdinalEncoder()
cat_data = [['Developer', 'Remote Working', 'Windows'], ['Sysadmin', 'Onsite
Working', 'Linux']]
ord_enc.fit(cat_data)
ord_enc.transform([['Developer', 'Onsite Working', 'Linux']])
```

使用 sklearn 的独热编码

下面的示例演示如何使用 scikit-learn 的 OneHotEncoder 类将类别特征转换为二进制表示形式：

```
from sklearn import preprocessing
one_hot_enc = preprocessing.OneHotEncoder()
cat_data = [['Developer', 'Remote Working', 'Windows'], ['Sysadmin', 'Onsite
Working', 'Linux']]
one_hot_enc.fit(cat_data)
one_hot_enc.transform([['Developer', 'Onsite Working', 'Linux']])
```

在描述了特征工程的最佳实践之后，下面继续评估模型的性能。

使用 ROC 评估检测器的性能

前面曾经提到过 ROC 曲线和 AUC 度量（第 5 章以及第 7 章），使用它们来评估和比较不同分类器的性能。

现在以一种更系统的方式来探讨该主题，引入混淆矩阵来比较预测值和真实值，混淆矩阵与欺诈检测分类器返回的所有可能结果相关，如表 9-4 所示。

然后，基于前面的混淆矩阵，可以计算以下值（列出了这些值的解释）：

表 9-4 混淆矩阵

预测值	真实的欺诈	真实的非欺诈
欺诈	真阳性（TP）	假阳性（FP）
非欺诈	假阴性（FN）	真阴性（TN）

- **灵敏度＝召回率＝命中率＝ TP/(TP ＋ FP)**：该值度量正确标记的欺诈者的比率，代表真阳性率（TPR）。
- **误报率（FPR）＝ FP/(FP ＋ TN)**：FPR 也可以采用 1－特异度进行计算。
- **分类准确率 ＝（TP ＋ TN)/(TP ＋ FP ＋ FN ＋ TN)**：该值表示观测值中正确分类的百分比。

- **分类错误 ＝ （FP ＋ FN）/（TP ＋ FP ＋ FN ＋ TN）**：该值表示错误分类率。
- **特异性 ＝ TN/（FP ＋ TN）**：该值度量正确标记的非欺诈者的比率。
- **精确度 ＝ TP/（TP ＋ FP）**：该值度量预测的欺诈者中有多少是真正的欺诈者。
- **F 度量 ＝ 2 ＊ （精确度 ＊ 召回率）/（精确度＋召回率）**：该值表示精确度和召回率的加权调和平均值。F 度量取值为从 0（最差值）到 1（最佳值）。

现在可以详细分析 ROC 曲线及其相关的 AUC 度量。

ROC 曲线和 AUC 度量

在最常用的比较不同分类器性能的技术中，有受试者工作特征（ROC）曲线，它描述了与每个分类器相关的 TPR（即灵敏度）和 FPR（即 1－特异度）之间的关系，如图 9 - 1 所示。

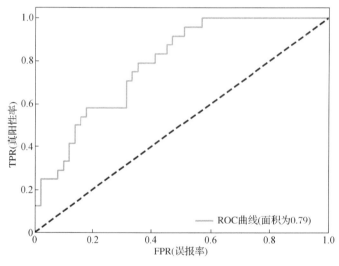

图 9 - 1　受试者工作特征（ROC）曲线

（图像来源：http://scikit-learn.org/）

如何比较不同分类器的性能？

从考虑最好的分类器应具有的特性开始，其曲线对应于 ROC 空间中的一对值、$x ＝ 0$ 和 $y ＝ 1$。换句话说，最好的分类器能正确识别所有的欺诈而不会产生任何误报，这意味着理想情况是 $FPR ＝ 0$ 和 $TPR ＝ 1$。

类似地,随机分类器随机地进行预测,其性能落在由一对坐标$[x=0,y=0]$和$[x=1,y=1]$描述的对角线上。

因此,不同分类器性能的比较需要验证其曲线偏离 L 曲线(对应于最佳分类器)的程度。

为了获得更精确的性能度量,可以计算与各个分类器相关的 ROC 曲线下面积(AUC)来度量。AUC 度量值在 0 到 1 之间。

最佳分类器的 AUC 度量为 1,对应于 AUC 的最大值。AUC 度量也可解释为概率的度量。

实际上,随机分类器的 AUC 值为 0.5,其曲线对应于 ROC 空间中的对角线。因此,任何其他分类器的性能应介于 AUC 的最小值 0.5 和最大值 1 之间。AUC<0.5 表示所选分类器的性能比随机分类器还要差。

为了正确地评估各个分类器估计概率的质量,可使用 **Brier 分数(BS)**,它可度量估计概率与实际值之间差值的平均值。

下面是 BS 公式:

$$BS = \sum (P_i - \varphi_i)^2$$

式中,P_i 是观测 i 的概率估计,φ_i 是实际值 i 的二元估计值(值为 0 或 1)。BS 的值也落在 0 到 1 的区间内,但与 AUC 不同,BS 值越小(即 BS 值更接近于 0)代表概率估计越准确。

以下是使用 scikit-learn 库计算 ROC 曲线和与之相关的指标的一些示例。

ROC 指标示例

以下代码是使用 scikit-learn 的方法计算 ROC 指标的示例,这些方法有:precision_recall_curve()、average_precision_score()、recall_score()和 f1_score():

```
import numpy as np
from sklearn import metrics
from sklearn.metrics import precision_recall_curve
from sklearn.metrics import average_precision_score
y_true = np.array([0, 1, 1, 1])
y_pred = np.array([0.2, 0.7, 0.65, 0.9])
prec, rec, thres = precision_recall_curve(y_true, y_pred)
average_precision_score(y_true, y_pred)
```

```
metrics.precision_score(y_true, y_pred)
metrics.recall_score(y_true, y_pred)
metrics.f1_score(y_true, y_pred)
```

ROC 曲线示例

以下代码展示了如何使用 scikit-learn 的 roc_curve()方法计算 ROC 曲线：

```
import numpy as np
from sklearn.metrics import roc_curve
y_true = np.array([0, 1, 1, 1])
y_pred = np.array([0.2, 0.7, 0.65, 0.9])
FPR, TPR, THR = roc_curve(y_true, y_pred)
```

AUC 分数示例

以下代码展示了如何使用 scikit-learn 的 roc_auc_score()方法计算 AUC 曲线：

```
import numpy as np
from sklearn.metrics import roc_auc_score
y_true = np.array([0, 1, 1, 1])
y_pred = np.array([0.2, 0.7, 0.65, 0.9])
roc_auc_score(y_true, y_pred)
```

Brier 分数示例

在下面的示例中使用了 scikit-learn 的 brier_score_loss()方法来评估估计概率的质量：

```
import numpy as np
from sklearn.metrics import brier_score_loss
y_true = np.array([0, 1, 1, 1])
y_cats = np.array(["fraud", "legit", "legit", "legit"])
y_prob = np.array([0.2, 0.7, 0.9, 0.3])
y_pred = np.array([1, 1, 1, 0])
brier_score_loss(y_true, y_prob)
brier_score_loss(y_cats, y_prob, pos_label= "legit")
brier_score_loss(y_true, y_prob > 0.5)
```

接下来，通过介绍将样本数据集分割为训练子集和测试子集所产生的影响来继续评估模型的性能。

如何将数据分割为训练集和测试集

评估模型学习效果的最常用方法之一是用算法从未见过的数据来测试其预测效果。但是，并不总是能找到新数据提供给模型。一种替代方法是将可使用的数据分为训练子集和测试子集，更改分配给每个子集的数据的百分比。对于训练子集，通常选择的百分比在 70% 到 80% 之间，其余 20%～30% 用作测试子集。

使用 scikit-learn 库可以轻松地将原始样本数据集细分为两个子集，分别用于训练和测试，就像我们在示例中多次做过的那样：

```
from sklearn.model_selection import train_test_split
#  创建训练子集和测试子集
X_train, X_test, y_train, y_test = train_test_split(X, y, test_size= 0.2)
```

通过调用 sklearn.model_selection 包的 train_test_split() 方法并设置参数 test_size = 0.2，我们将原始样本数据集分割为训练子集和测试子集，将原始数据集的 20% 保留为测试数据集，剩余的 80% 用作训练数据集。

这种技术尽管简单，但它会对算法的学习效率产生重要的影响。

算法泛化误差

正如我们所见，算法的目的是通过对训练样本进行泛化地学习以做出正确的预测。作为学习过程的结果，所有算法的泛化误差都可用下式表示：

$$泛化误差＝偏差＋方差＋噪声$$

偏差是指算法在进行预测时产生的系统误差，方差是指算法对分析数据变化的灵敏度。最后，噪声是表征所分析数据的不可去除的成分。

图 9-2 显示了对数据具有不同适应能力的估计器。从最简单的估计器到最复杂的估计器，可以观察到偏差和方差分量是如何变化的。较低复杂度的估计器通常对应较高的偏差（系统误差）和较低的方差，方差就是对数据变化的灵敏度。

相反,随着模型复杂度的增加,偏差减小,但方差增大,使得更复杂的模型倾向于将其预测过度适应(过拟合)训练数据,从而在从训练数据切换到测试数据时会产生较差的预测。

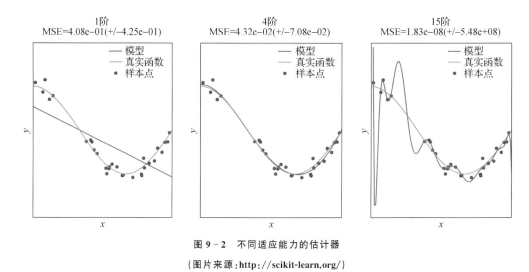

图 9 - 2　不同适应能力的估计器

(图片来源:http://scikit-learn.org/)

通过增加训练数据集的数据量可以减少方差,当然也会提高算法复杂度。然而,难以区分哪个分量(偏差或方差)在确定泛化误差时更重要。因此,必须使用适当的工具来区分各个分量在确定泛化误差时所起的作用。

算法学习曲线

在确定算法的泛化误差时,采用有用的工具来确定偏差和方差分量是非常重要的。这就是学习曲线,通过该曲线可以在不同训练数据量的条件下观测算法的预测性能。这样,就可以评估算法的训练分数和测试分数如何随训练数据集的变化而变化,如图 9 - 3 所示。

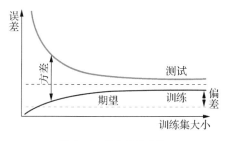

图 9 - 3　算法学习曲线

(图像来源:Wikipedia https://commons.wikimedia.org/wiki/File:Variance-bias.svg)

随着训练数据集的增长,如果训练分数和测试分数趋于收敛(如图9-3所示),那么为了改进预测性能,将不得不增加算法的复杂度,从而减少偏差分量。

如果训练分数始终高于测试分数,训练数据集的增加将改进算法的预测性能,因此要减少方差分量。最后,在训练分数和测试分数不收敛的情况下,模型具有较高的方差,因此我们将不得不同时考虑算法的复杂度和训练数据集的规模。

在下面的示例中,我们可以看到在不同的训练数据集规模下,如何使用 sklearn.model_ selection 包的 learning_curve() 方法结合**支持向量分类器(SVC)**,获得设计习曲线所需的值:

```
from sklearn.model_selection import learning_curve
from sklearn.svm import SVC
_sizes = [ 60, 80, 100]
train_sizes, train_scores, valid_scores = learning_curve(SVC(), X, y, train_si-
zes= _sizes)
```

总之,对训练数据集大小的选择会影响算法的学习效果。原则上,减少分配给训练数据集的百分比,会增加误差的偏差分量。相反,如果在保持原始样本数据集大小不变的情况下增加训练数据集的大小,就有产生使算法过度适应训练数据的风险,在向算法提供新数据时,这会导致预测性能较差,更不用说由于案例简单,一些高信息量的样本可能会从训练数据集中被排除,这与选择的具体分割策略有关。

此外,如果训练数据集具有高维特征,测试数据和训练数据之间的相似性可能会很明显,这使学习过程更加困难。

因此,根据固定百分比分割样本数据集的简单策略并不一定是最好的解决方案,尤其是在评估和微调算法性能时。

另一种解决方案是使用交叉验证。

使用交叉验证

最常用的一种交叉验证被称为 k 折交叉验证,它把样本数据集随机地分为多个组,k 即把数据分成相等部分的数量(如果可能的话)。

基于数据组的不同组合,学习过程以迭代方式进行,每个数据组既用作训练数据集,又用作测试数据集。这样,每个组依次用作训练数据集或测试数据集,如图9-4所示。

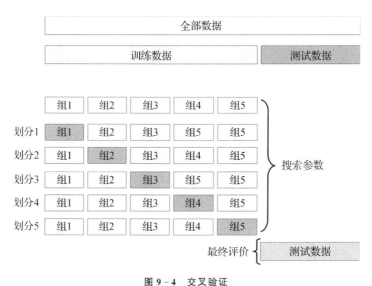

图9-4 交叉验证

(图片来源:http://scikit-learn.org/)

实践中,不同的组(随机生成的)交替地充当训练数据集和测试数据集的角色,当所有的 k 个组都被用作训练数据集和测试数据集时,迭代过程结束。

由于在每一次迭代中生成的泛化误差不同(因为用于对算法进行训练和测试的数据集不同),可以计算这些误差的平均值作为交叉验证策略的代表性度量。

k折交叉验证的优点和缺点

k折交叉验证具有以下优点:

• 它使所有可用数据都可用于训练和测试目的。

• 各个组的具体组成无关紧要,因为每个组只能最多一次用于训练,一次用于测试。

• 可以通过提高 k 值来增加组数,从而增加训练数据集的规模,以减少泛化误差的偏差分量。

对于 k 折交叉验证的缺点,必须要强调一下,k 折交叉验证认为原始样本数据集的顺序是无关的。如果数据的顺序与信息有关(例如时间序列数据集的情况),就必须使用一种考虑原始序列的不同策略,例如可以将最早的数据分割用作训练数据集,保留最近的数据用于测试。

k 折交叉验证示例

在下面的示例中,采用由 scikit-learn 包 sklearn.model_selection 实现的 k 折交叉验证。为了简便起见,将变量 k 赋值为 2,即进行 2 折交叉验证。

样本数据集仅包含 4 个样本。因此,每个组包含 2 个数组,依次地一个用于训练,另一个用于测试。最后,要注意如何使用 numpy 索引提供的方法,将不同的组与训练数据和测试数据关联:

```
import numpy as np
from sklearn.model_selection import KFold
X = np.array([[1., 0.], [2., 1.], [- 2., - 1.], [3., 2.]])
y = np.array([0, 1, 0, 1])
k_folds = KFold(n_splits= 2)
for train, test in k_folds.split(X):
print("% s % s" % (train, test))
[2 0] [3 1]
[3 1] [2 0]
X_train, X_test, y_train, y_test = X[train], X[test], y[train], y[test]
```

小结

本章介绍了用于评估不同算法的预测性能的常用技术。首先,介绍了如何遵循特征工程的最佳实践,将原始数据转换为特征,使算法可以使用非数字形式的数据,如分类变量。然后,重点研究了正确评估构成算法泛化误差的各种分量(如偏差和方差)所需的技术。最后,学习了如何实现算法交叉验证以改进训练过程。

下一章将学习如何评估 AI 武器库。

10

评估你的 AI 武器库

除了评估算法的有效性外,了解攻击者利用哪些技术来规避 AI 赋能工具也很重要。只有这样,才能对所采用解决方案的有效性和可靠性有一个实际的认识。此外,为确保可靠性,还必须考虑解决方案的可扩展性以及对其进行持续的监控。

本章将学习以下内容:

- 攻击者如何利用**人工智能(AI)**规避**机器学习(ML)**异常检测
- 实现 ML 异常检测时面临的挑战
- 如何测试解决方案的数据和模型质量
- 如何确保用于网络安全的 AI 解决方案的安全性和可靠性

下面从学习攻击者如何规避 ML 异常检测开始。

规避 ML 检测器

第 8 章介绍了如何使用**生成对抗网络(GAN)**欺骗检测算法。现在可以看到,不仅是 GAN 对基于 AI 的网络安全解决方案构成了威胁,更为普遍的是,可以利用强化学习(RL)来使检测工具失效。

为了理解如何使用 RL 实现这一切,先简要介绍一下 RL 的基本概念。

理解 RL

与各种形式的 AI 相比,RL 的特点是实现了一种试错模式的自动学习。实际上,RL 算法是根据环境的反馈来调整其学习过程的。这种反馈可能是积极的,即奖励;也可能是消极的,即惩罚。此外,根据预测的成功与否,反馈也会有所不同。

因此,可以说学习是在智能软件获得奖励和惩罚的基础上进行的:智能软件(也称为**智能体**)从给定领域竞赛(也称为**环境**)中获得的反馈中进行学习。

与 ML 不同,在 RL 中,学习过程不是基于训练数据集进行的,而是基于智能体与对真实用例进行建模的环境之间的相互交互进行的。另一方面,每种环境都有大量的参数和信息,智能体可以据此学习如何实现其目标。

智能体在学习如何实现其目标时,会以奖励和惩罚的形式从环境中接收反馈。

RL 智能体目标的一个典型示例是学习如何找到游戏的解决方案,例如迷宫,如图 10 - 1 所示。

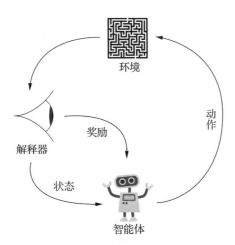

图 10 - 1　针对迷宫的 RL 智能体

(图片来源:https://commons.wikimedia.org/wiki/File:Reinforcement_learning_diagram.svg)

对于智能体来说,学习过程发生的环境可能是已知的,也可能是未知的。在实现其目标时,智能体遵循奖励最大化的学习策略。

这些特性使得 RL 特别适用于解决未知环境中的问题,如学习迷宫的解决方案。

解决迷宫问题时,智能体的最终目标是在事先不了解迷宫结构的情况下,通过试错法(即利用从环境中获得的反馈)来学习路线,从而尽快到达出口。

综上所述,RL 具有以下要素:

- 一个或多个智能体
- 一个环境
- 状态(智能体当前到达的地方)
- 动作(智能体采取的行动以达到不同的状态)
- 反馈(与特定状态相关的分数)

现在来看看,在学习过程中所有这些要素是如何相互作用的。

RL 反馈和状态转换

前面已经说过,在 RL 中,学习过程由反馈引导,采用试错的方法,模仿决策的过程。为了实现诸如找到迷宫出口这样的目标,智能体将根据来自不同环境的反馈(奖励或惩罚)来执行相应的动作(移动)。

智能体基于每次动作后的状态,即每次移动之后智能体的位置,来发出反馈。然后,将反馈从环境发送给智能体。因此,根据收到的奖励,智能体用概率估计来权衡后续动作的成功与否,迭代地更新其对下一个状态的预测。通过利用反馈,智能体可以根据环境调整其行为。在其从一种状态到另一种状态的转换过程中进行这种调整,从而实现学习过程。从一种状态到另一种状态的转换也称为**状态转换**过程。

在快速介绍了 RL 的基本概念后,现在来学习如何将其应用于规避基于 ML 的恶意软件检测器。

使用 RL 规避恶意软件检测器

第 4 章详细分析了使用 ML 算法实现恶意软件检测器的优势,第 8 章还展示了如何使用

GAN 欺骗这些检测器。

前面已经说过,基于 GAN 的攻击方法可以分为以下两种:

- **白盒攻击**:攻击者知道检测器所采用的模型结构,并且能够执行查询以学习如何规避检测器。
- **黑盒攻击**:攻击者不知道检测器的结构或特性,但可以间接地访问底层模型,以执行模型替代。

即使在黑盒攻击的情况下,攻击者虽然不了解检测器的结构和属性,但必须知道目标模型的完整特征(特征空间)。因此,要训练替代模型并通过模型替代实施攻击,攻击者必须清楚原始模型的特征,这正是 RL 将发挥作用的地方。

事实上,正是由于有了 RL,尽管完全不知道恶意软件检测器底层模型的结构和实现特征,也完全不知道检测的特征,攻击者仍然可以执行攻击。

在由 Hyrum S.Anderson、Anant Kharkar、Phil Roth 和 Bobby Filar 撰写的论文 *Evading Machine Learning Malware Detection* 中,描述了使用 RL 攻击恶意软件检测器的第一个示例,该论文于 2017 年 7 月 22—27 日在美国拉斯维加斯举行的 Black Hat USA 2017 大会上发表。

该论文给出了一个使用 RL 对分类器进行黑盒攻击的示例,攻击者完全不了解目标分类器的结构和特征空间。然而,可用信息的减少导致攻击者的攻击成功率低于使用 GAN 的黑盒攻击。

不过该论文证明了信息有限的条件下,利用 RL 进行黑盒攻击的可能性。

使用 RL 的黑盒攻击

在前面提到的论文中,为了规避静态的 Windows **PE(可移植的可执行文件)**恶意软件分类器,实现了一个 RL 模型来对恶意软件检测器进行黑盒攻击。

攻击场景包括以下要素:

- 由一个智能体和一个环境构成的 RL 模型。

- 智能体迭代地选择要执行的动作 A。
- 每个动作 A 与状态空间 S 中的一个变化相关联。
- 状态的每个变化都与来自环境的反馈相关联,反馈为标量形式的奖励。

然后,将反馈和标量形式的奖励反馈给智能体。智能体基于这些反馈确定其下一个动作,遵循的策略是最大化奖励的目标函数。该目标函数决定下一步要执行的动作。

特别是,一组 A 动作表示可以对 PE 格式的可执行文件执行的相应修改,以欺骗恶意软件分类器,同时保持恶意软件的功能。

根据恶意软件分类器返回的结果,环境对每个动作的标量形式的奖励进行评估。

该论文的作者还开发了一种规避恶意软件的环境,称为 **EvadeRL**(`https://github.com/drhyrum/gym- malware`),其源代码以开源形式发布。

EvadeRL 基于 OpenAI Gym 框架(`https://gym.openai.com/`),该框架提供了标准化的预配置 RL 环境。

规避恶意软件的环境包括以下内容:

- 初始的恶意软件样本
- 可定制的反恶意软件引擎

每一步都给智能体提供以下反馈:

- **奖励**:如果恶意软件样本通过了恶意软件引擎控制,则值为 `10.0`;如果恶意软件样本失败,则值为 `0.0`。
- **观测空间**:概括恶意软件样本组成的特征向量。

根据此反馈,智能体选择下一个动作,该动作完成对恶意软件样本 PE 文件格式进行修改,该修改不改变可执行文件的原始功能。

环境中采用 2350 维的特征向量表示恶意软件样本,其中包括常用的 PE 文件格式工件类别,如:

- PE 头文件
- PE 分段

- 导入表和导出表
- ASCII 字符串,例如文件路径、URL 和注册表项

智能体的每个动作都对应于一个状态的变化,代表对恶意软件样本 PE 文件格式的一处可能的修改。

必须同时保持 PE 文件格式的完整性和恶意软件功能的完整性,因此可以进行修改的地方相对较少,一些示例如下:

- 向**导入地址表(IAT)**添加一个新函数,但可执行文件不调用此函数
- 修改已有分段的名称
- 添加新的未使用的分段
- 在每个分段的末尾进行额外的空间填充

在该论文作者进行的实验中,对梯度提升决策树分类器成功地进行了攻击,该分类器使用包含 100 000 个样本(包含恶意的和良性的)的训练数据集进行训练,ROC 曲线下面积(AUC)分数达到了 0.96。

挑战 ML 异常检测

正如第 5 章中所提到的,ML 对异常检测特别有用。但是,即使在异常检测的情况下,采用基于 AI 的网络安全解决方案时,也必须根据因这些解决方案的复杂性而不可避免地带来的挑战进行仔细评估。

特别地,必须仔细评估由误报和漏报引起的异常检测系统错误对业务和安全方面可能产生的负面影响。

我们知道,通常需要在误报和漏报之间进行权衡取舍。因此,试图减少漏报的数量(未检测到的攻击数)几乎不可避免地会导致误报(错误地检测到攻击)的增加。

通常,分类错误的成本与错误类型是相关的:实际上,如果是漏报(即未被发现的攻击),可能导致企业敏感数据的完整性遭到破坏(甚至会损害系统)。同时,过多的误报(即把实际上的非攻击行为检测为攻击)可能会增加检测系统的不可靠性,以至于无法及时地检测出

真正的攻击。

这也是**纯粹**的异常检测系统(即仅基于自动化程序的检测系统)在实践中极为罕见的一些原因。

在异常检测系统和欺诈检测与预防系统(请参考第 7 章)的情况下,通过集成自动化程序和来自操作人员的反馈,可靠性都得到了提高(例如,采用有监督算法时,获得可靠性更高的标签)。

另一个问题与算法的可解释性要求有关,因为算法获得的结果往往难以解释(毫不奇怪,ML 算法常常被看作黑盒)。

导致算法检测某些异常的原因常常令人费解,要想解释算法的结果可能需要进行大量的调查。

换句话说,由于算法和学习过程不可避免地让人费解,常常难以以精确(且可重复)的方式满足重建导致系统报告异常的检测过程的需求。

考虑到检测系统面对的具体现实环境是极度动态的,这会加剧检测的困难(因为在不断演变的现实情况下,总会发生以前从未遇到过的新**异常**情况)。

事件响应和威胁防御

显然,异常检测系统的实现假定生成的警报会被恰当地处理。

采用事件响应,我们指示在警报发出后执行的一系列活动。

这些活动通常由各个主管部门的专业操作人员处理,负责与警报相关的证据的调查和深化。

鉴于进行这类调查需要具有高度的专业性(例如,针对数据泄露报告的数字取证活动),自动化程序一般只用于支持操作人员执行专业的活动,而不是取代操作人员。

相反,**威胁防御**包括预防将来的攻击或入侵,或者对抗正在进行的攻击。

尽管自动阻止可疑活动的算法程序能成功应用于威胁防御,但它们也可能被攻击者利用

（例如，一个攻击者通过模拟**分布式拒绝服务**攻击来自动阻止来自大部分客户 IP 地址的服务请求，以此来损害电子商务网站的声誉）。

利用人工反馈增强检测系统

根据目前所掌握的情况，最佳的异常检测系统采用了自动化程序与操作人员的专业活动间的交互。

因此，作为专业人员的支持工具，异常检测系统可以减少误报带来的成本，同时可以利用人工反馈提高减少误报的能力（正如前面提到的，提高用于训练监督算法的分类样本标签的可靠性）。

然而，这种人机协同的前提是算法不那么难懂，易于被操作人员理解，因此增加了导致算法报告特定异常的原因的透明度（必须仅对内部人员保持透明度，以防止攻击者利用它为自己谋利）。

同样，异常检测系统必须易于维护，算法既能快速适应不可避免的环境变化，又能轻松地纠正操作人员反馈的算法分类错误。

数据和模型质量的测试

到目前为止，我们已经看到了实现检测系统所面临的技术难题。

一般而言，为了确保预测的准确性及可靠性，每当我们决定在网络安全解决方案中使用算法时，都必须考虑到数据质量和模型质量。

下面继续分析有关数据质量过程的各个方面。

评估数据质量

在整本书中尤其是在第 9 章中已多次提到，对于目标的实现，算法的选择无疑是很重要的，但数据的选择更为关键。

在许多情况下,更可取的做法是使用更多数据来训练非最优的算法,而不是尝试优化算法。

因此,要确保使用的数据可靠并且有足够数量的数据来训练算法是尤其重要的。

因此,数据质量过程执行的任务之一就是验证样本数据集中是否存在偏差(不要与算法的偏差混为一谈,上一章已经讨论过算法的偏差,它是造成欠拟合的原因)。

有偏数据集

样本数据集的偏差通常是在收集数据时数据的选择方法导致的(称为**选择偏差**)。例如,在训练恶意软件检测器时,经常使用从企业安全范围内的蜜罐中获取的样本。

蜜罐是收集安全信息的有效工具:它们揭示了组织所面临的定制攻击的具体风险。然而,蜜罐不太可能确保所收集的样本与自然情况下所有不同类型的恶意软件威胁都类似。因此,蜜罐的使用可能在训练数据集中引入选择偏差。

在反垃圾邮件分类器的训练中也会出现同样的问题:收集的样本很难包含所有以电子邮件作为攻击载体的威胁案例,只能适当地代表所有可能的攻击。

在这种情况下,可能会面临排除偏差,这意味着一些具有代表性的样本被排除在数据集之外。

防止数据集出现偏差的一个最有效的策略是限制算法检测器的范围,特别是明确要处理的威胁。

这样,即使是为训练算法而收集的数据样本也将根据所选定的用例来进行选择。

非平衡和错误标记的数据集

类似地,正如第 7 章中所提到的,当我们分析信用卡的欺诈数据时,可能会面对分布严重不平衡的数据或分类错误的样本数据集,这些都会降低监督算法的有效性。

现在已经知道如何利用操作人员的反馈来处理和解决与错误标记的数据集相关的问题(即使该解决方案通常在时间和特定资源方面会带来额外的负担)。

对于非平衡数据集(如信用卡交易,其中属于合法交易的样本数目大大超过了欺诈交易的样本),前面已经看到了采用如**合成少数类过采样技术(SMOTE)**等采样技术会非常有用。

数据集的缺失值

在数据质量过程中需要解决的一个最常见问题是数据集中缺失值。

例如,在并非列中的所有值都存在的情况下就会出现此问题,从而导致字段为空。空字段的存在不仅是关系数据库的问题,也是许多 ML 算法的问题。因此,有必要消除这些空字段,以使算法正确工作而不会导致分类错误。

以下为一些常见的解决缺失值问题的补救措施:

- 从数据集中去除具有空字段的行。
- 从数据集中去除具有空字段的列。
- 用默认值(例如 0)替换空字段,或根据数据集中的其他值重新计算一个值。

这些补救措施都有缺点:总的来说,排除具有空字段的行和列会导致包含在被排除的行或列的其他非空字段中的重要信息丢失。

同样,插入预定义或重新计算的数据会在数据集中引入偏差,尤其是在缺失值较多的情况下。

缺失值示例

为了解决数据集中的缺失值问题,scikit-learn 库为此提供了专门的类。

scikit-learn 遵循的策略是通过从数据集的已知部分推断新值来插补缺失值。

有两种类型的缺失值插补:

- 单变量插补
- 多变量插补

单变量插补使用 SimpleImputer 类。该类可以使用常量或者诸如均值、中值或众数等位置统计指标来替换空值,这些指标是根据包含空值的列的其他非空值计算得到的。

在下面的示例中可以看到,使用空值所在列的非空数据的均值替换空值(编码为 np.nan):。

```
"""
Univariate missing value imputation with SimpleImputer class
"""
import numpy as np
from sklearn.impute import SimpleImputer
simple_imputer = SimpleImputer(missing_values= np.nan, strategy= 'mean')
simple_imputer.fit([[3, 2], [np.nan, 4], [np.nan, 3], [7, 9]])
X_test = [[np.nan, 3], [5, np.nan], [6, 8], [np.nan, 4],]
simple_imputer.transform(X_test)
```

多变量插补根据剩余的特征,使用轮询策略来估计缺失值。

使用轮询策略(针对每个特征迭代执行),将特征列作为输入,然后使用回归函数估计缺失值。

在下面的示例中,使用 scikitlearn 包 sklearn.impute 中提供的 IterativeImputer 类进行缺失值的多变量插补:

```
"""
Multivariate missing value imputation with IterativeImputer class
"""
import numpy as np
from sklearn.experimental import enable_iterative_imputer
from sklearn.impute import IterativeImputer
iterative_imputer = IterativeImputer(imputation_order= 'ascending',
initial_strategy= 'mean', max_iter= 15, missing_values= nan, random_state= 0,
tol= 0.001)
iterative_imputer.fit([[3, 2], [np.nan, 4], [np.nan, 3], [7, 9]])
X_test = [[np.nan, 3], [5, np.nan], [6, 8], [np.nan, 4],]
np.round(iterative_imputer.transform(X_test))
```

现在是进行模型质量过程的时候了。

评估模型质量

前面已经强调了数据的重要性优于算法,并且已经学习了数据质量处理应遵循的策略。

一旦确定数据可靠且完整,就必须将其馈送到为实现 AI 解决方案而选择的算法,并将获得的结果提交给模型质量过程。

模型质量过程涉及算法部署的所有阶段。

实际上,为了不断地进行超参数的微调,监控算法的性能至关重要。

但是超参数,我们指的是算法从外部接收的所有参数(即学习过程中不设置或更新的参数),在开始训练之前就由分析人员确定(如 k 均值聚类算法的参数 k,或在多层感知机分类器中使用的感知机数量)。

这就是为什么持续监控算法性能很重要,以便能优化这些超参数。

微调超参数

在对算法超参数进行微调时,必须牢记,没有一种配置可以适用于所有的情况。因此,必须根据面对的不同场景,考虑到想要实现的不同目标来进行优化。

超参数的微调除了要了解部署解决方案的应用领域(场景和用例),还需要事先对算法及其特性有深入的了解。

此外,微调还必须考虑输入数据变化可能造成的影响(正如第 3 章中所介绍的那样,在网络钓鱼检测方面,决策树的敏感度很高,即使对输入数据的微小变化也是如此)。

在许多情况下,分析人员可以借助于自己的经验,也可以遵循经验启发法来尝试优化超参数。

同样,在本例中,采用 scikit-learn 库中的 GridSearchCV 类来提供帮助,该类采用交叉验证来帮助我们比较不同算法的性能。

采用交叉验证进行模型优化

以下示例展示了如何使用 sklearn.model_selection 包中提供的 GridSearchCV 类,采用交叉验证进行分类器的超参数优化(关于交叉验证的解释,请参考第 9 章中的算法交叉验证相关段落)。

示例中使用 scikit-learn 库附带的数字样本数据集。

使用 train_test_split()方法将数据集平均分为训练子集和测试子集,该方法被赋予 test_size = 0.5 参数。

然后,使用由 GridSearchCV 类实现的交叉验证策略,以不同的超参数组合(在 tuned_parameters 变量中已定义)对精确度和召回率进行微调,比较**支持向量机分类器(SVC)** 的不同性能:

```
"""
Cross Validation Model Optimization
"""

from sklearn import datasets
from sklearn.model_selection import train_test_split
from sklearn.model_selection import GridSearchCV
from sklearn.metrics import classification_report
from sklearn.svm import SVC

# 加载 scikit-learn Digits 数据集
digit_dataset = datasets.load_digits()

num_images = len(digit_dataset.images)
X_images  = digit_dataset.images.reshape((num_images, - 1))
y_targets = digit_dataset.target

# 将数据集分成相等的两个部分
X_train, X_test, y_train, y_test = train_test_split(
    X_images, y_targets, test_size= 0.5, random_state= 0)

# 设置交叉验证参数
cv_params = [{'kernel':['rbf'], 'gamma':[1e- 3, 1e- 4],
                    'C':[1, 10, 100, 1000]},
                 {'kernel':['linear'], 'C':[1, 10, 100, 1000]}]

# 为了精确度调整超参数
```

```
# 使用支持向量分类器
precision_clf = GridSearchCV(SVC(), cv_params, cv= 5,
scoring= 'precision_micro')

precision_clf.fit(X_train, y_train)

print("Best parameters set found for 'precision' tuning:\n")

print(precision_clf.best_params_)

print("\nDetailed report for 'precision':\n")

y_true, y_pred = y_test, precision_clf.predict(X_test)

print(classification_report(y_true, y_pred))

# 为了召回率调整超参数
# 使用支持向量分类器
recall_clf = GridSearchCV(SVC(), cv_params, cv= 5, scoring= 'recall_micro')

recall_clf.fit(X_train, y_train)

print("Best parameters set found for 'recall' tuning:\n")

print(recall_clf.best_params_)

print("\nDetailed report for 'recall':\n")

y_true, y_pred = y_test, recall_clf.predict(X_test)

print(classification_report(y_true, y_pred))
```

上面的脚本生成以下输出：

```
Best parameters set found for 'precision' tuning:

{'C':10, 'gamma':0.001, 'kernel':'rbf'}

Detailed classification report for 'precision':
          precision   recall   f1- score   support
    0       1.00       1.00      1.00         89
    1       0.97       1.00      0.98         90
    2       0.99       0.98      0.98         92
    3       1.00       0.99      0.99         93
    4       1.00       1.00      1.00         76
    5       0.99       0.98      0.99        108
    6       0.99       1.00      0.99         89
    7       0.99       1.00      0.99         78
    8       1.00       0.98      0.99         92
```

	precision	recall	f1-score	support
9	0.99	0.99	0.99	92
accuracy			0.99	899
macro avg	0.99	0.99	0.99	899
weighted avg	0.99	0.99	0.99	899

Best parameters set found for 'recall' tuning:

{'C':10, 'gamma':0.001, 'kernel':'rbf'}

Detailed classification report for 'recall':

	precision	recall	f1-score	support
0	1.00	1.00	1.00	89
1	0.97	1.00	0.98	90
2	0.99	0.98	0.98	92
3	1.00	0.99	0.99	93
4	1.00	1.00	1.00	76
5	0.99	0.98	0.99	108
6	0.99	1.00	0.99	89
7	0.99	1.00	0.99	78
8	1.00	0.98	0.99	92
9	0.99	0.99	0.99	92
accuracy			0.99	899
macro avg	0.99	0.99	0.99	899
weighted avg	0.99	0.99	0.99	899

下面将继续评估(并总结)AI赋能的网络安全解决方案。

确保安全性和可靠性

无论实现模型的质量如何,管理解决方案的安全性和可靠性都是至关重要的,它可以决定解决方案的成功与否。

因此,确保AI赋能解决方案的安全性和可靠性意味着:

- 确保性能和可扩展性
- 确保弹性和可用性
- 确保保密性和隐私性

首先分析性能和可扩展性的要求对算法可靠性的影响。

确保性能和可扩展性

毫无疑问,基于 AI 的网络安全解决方案的性能是确保其成功的关键,尤其是当要实现的目标是尽快检测到入侵企图或安全漏洞时。这意味着确保响应的低延迟。但是,低延迟的要求与通常需要较高计算负载的算法本质形成了鲜明反差。此外,当要处理的数据量爆炸性增长时(这在现代大数据场景中很典型),通常难以保证 AI 解决方案的可扩展性。

为了保证足够的性能水平,有必要对解决方案的各个组成部分采取行动,从选择性能最佳的算法开始,甚至是以牺牲精度为代价。同时,减少数据集的维数(即使用的特征的数量和类型)可以显著提高算法的性能。

在第 6 章已介绍了如何降低大型数据集(例如图像数据集)的维数,甚至是使用如主成分分析(PCA)这样的简单技术。

此外,算法的可扩展性是提高性能的一个重要因素,尤其是打算将解决方案部署到云端时。

然而,并非所有的算法都被设计为保证可扩展性,某些算法(例如 SVM)本质上就效率较低,因为它们在训练阶段的执行速度特别慢并且需要大量的硬件资源(指内存、计算负载和其他方面)。

因此,在做出决定之前,有必要仔细评估每种算法的优缺点(就像本书各个章节所做的那样)。

确保弹性和可用性

当谈论到安全时,我们不仅仅是指使用传统措施,如定义网络安全边界或使用防病毒软件来进行保护以免受攻击。

复杂环境(例如在解决方案的开发和部署中都使用云计算)对安全性的要求转化为确保弹性和高可用性。

同样的传统安全措施,从反病毒到入侵检测系统(IDS),越来越多地依赖于 AI 基于云的解决方案来实现其目标(例如反病毒软件利用基于云的神经网络对可疑的可执行文件进行行为分析,从而检测出恶意软件)。

到目前为止,AI已经渗透到在业务中使用互联网和网络的企业向客户提供的所有增值服务中。

对于网络安全部门更是如此:例如,全部采用某种形式的AI进行用户识别的生物识别程序。

因此,持续监控部署了基于AI的网络安全解决方案的系统的健康状况至关重要。

同样,保证提供给算法的数据的完整性和保密性,对保证算法的安全性和可靠性也至关重要。

如果攻击者设法访问了算法所使用的数据集,那他不仅能够模仿底层预测模型的行为,甚至可以毒害数据,从而根据自己的喜好修改算法的预测。

这个主题将在下一节讨论。

确保保密性和隐私性

在数据驱动解决方案的正确运行中,数据的中心地位由被称为**"无用输入,无用输出"**的原则所证实。在 AI 中,保护数据的完整性同样重要,并不像通常所认为的那样,算法不是客观的,而是可以根据训练阶段提供给它们的数据来制定出截然不同的预测。

因此,只需要改变算法所使用的数据,就可以约束预测模型的结果。

这方面特别微妙,因为它横向地提出了保证数据安全性和完整性的需求,也提出了算法所获得结果的可解释性和可重复性的需求,并且可能产生重要的负面影响,尤其是在遵守隐私法的背景下。

众所周知,数据驱动技术(如 AI 和大数据分析)大量地使用用户和消费者的个人数据,这些技术的盛行不仅给数据安全,而且给保密带来了严重的问题。

特别是,如果汇集了足够多的个人数据,就有可能以高度的统计逼真度重构每个人的个人资料。

当我们考虑到大多数业务决策是在自动分析个人资料的基础上做出的这一事实时,就会意识到不正确的个人资料可能带来的风险。

具体而言,如果基于错误的个人资料,金融或保险公司拒绝某人签署金融合同,那么这个人就会由于对其个人资料的不当处理而得到负面评价。

同样,如果欺诈检测算法根据不正确的个人资料评估交易执行者的信誉,就会报告某项金融交易为可疑交易,这不仅会导致个人声誉受损,还会因非法处理个人资料而遭受相应的制裁。

如果正在处理的数据属于网络安全领域广泛用于认证、授权和检测的特殊类别(如虹膜、声音、指纹、人脸和 DNA 等生物特征数据),则可能带来更为严重的后果。

显然,保证数据的保密性和完整性十分重要,不仅是在安全方面,而且在因不遵守保护隐私的国家法律而产生的法律责任方面也是如此。

为此,应该确保在基于 AI 的解决方案中采用数据加密,确保对处于所有不同状态的数据(运转中、使用中和静止中的数据)都进行加密。

小结

本章对基于 AI 的网络安全解决方案进行了评估,从安全、数据和模型质量三个方面进行了分析,以保证部署在生产环境中的解决方案具有可靠性和高可用性,同时也不忽略算法使用的敏感数据的隐私性和保密性要求。